职业教育机电类专业"十三五"规划教材
广东省"双精准"示范专业建设成果系列教材

自动扶梯
维护与保养

主 编 袁建锋　　**副主编** 陈路兴

中国铁道出版社有限公司
CHINA RAILWAY PUBLISHING HOUSE CO., LTD.

内 容 简 介

本书共分六个项目，内容包括自动扶梯的结构与原理、自动扶梯驱动系统维护与保养、自动扶梯梯级系统各装置的维护与保养、自动扶梯扶手驱动装置及其附件的维护与保养、自动扶梯电气装置的维护与保养、自动扶梯润滑系统的维护与保养等，每个项目涵盖 2 ~ 4 个任务，任务均来源于企业工作情景，学习完就可以直接进行岗位实践。

本书摒弃了传统教材理论知识过多的编写思路，在编写前进行了充分的调研及论证，内容设计上完全按照大项目、典型工作任务推进自动扶梯维护与保养的系统学习，所有任务均来源于企业生产实践，每个任务由任务描述、任务准备、任务实施、任务评价、习题 5 部分组成，通过学习可以解决实际操作中自动扶梯维护与保养存在的问题，能更好地锻炼学生解决问题的能力。

本书适合作为职业院校电梯工程技术专业、机电一体化等相关专业的教材，也适合作为电梯从业人员的培训教材。

图书在版编目（CIP）数据

自动扶梯维护与保养/袁建锋主编 . —北京：中国铁道出版社
有限公司，2020.8（2024.7重印）
职业教育机电类专业"十三五"规划教材　广东省"双精准"
示范专业建设成果系列教材
ISBN 978-7-113-27097-1

Ⅰ.①自⋯　Ⅱ.①袁⋯　Ⅲ.①自动扶梯 – 维修 – 高等职业教育 –
教材②自动扶梯 – 保养 – 高等职业教育 – 教材　Ⅳ.① TH236

中国版本图书馆 CIP 数据核字（2020）第 130475 号

| 书　　名：自动扶梯维护与保养 |
| 作　　者：袁建锋 |

策　　　划：何红艳	编辑部电话：（010）63560043
责任编辑：何红艳　包　宁	
封面设计：尚明龙	
责任校对：张玉华	
责任印制：樊启鹏	

出版发行：中国铁道出版社有限公司（100054，北京市西城区右安门西街 8 号）
网　　址：https://www.tdpress.com/51eds/
印　　刷：三河市航远印刷有限公司
版　　次：2020 年 8 月第 1 版　2024 年 7 月第 3 次印刷
开　　本：787 mm×1 092 mm　1/16　印张：10.75　字数：252 千
书　　号：ISBN 978-7-113-27097-1
定　　价：35.00 元

本书以《教育部关于"十三五"职业教育教材建设的若干意见》及教育部颁发的《中等职业学校机电设备安装与维修专业教学标准》为依据编写而成。

我国近年产业结构的调整、社会结构的变化与城市化进程的加快，造成电梯维保专业人才日益紧缺，而职业院校电梯专业人才（特别是中职层次的电梯维修保养人员）的培养，始终跟不上社会对人才的需求。本书在编写前进行了充分的调研及论证，内容设计上完全按照大项目、典型工作任务推进自动扶梯维护与保养的系统学习，所有任务均来源于企业生产实践，每个任务由任务描述、任务准备、任务实施、任务评价、习题5部分组成。

本书是电梯专业的核心课程之一，对于教学条件不高，只要有扶梯设备均可以开展教学。如果没有设备，也可利用仿真系统开展学习，后续我们还将建设大量的课程资源供学习者使用。

本书的主要任务是让学生掌握自动扶梯的结构和工作原理，会选用自动扶梯维修与保养的常用工具和仪表。通过本书的学习以及通过查阅维修手册和技术资料，学生能对自动扶梯设备进行正确的维护保养，能对自动扶梯设备进行正确的维护保养作业，正确填写自动扶梯的《日常维护保养记录单》和《维修任务单》，具备规范、安全、节约、环保和团队协作意识，严谨的工作态度和良好的沟通能力。

1. 教材编写思路与特色

（1）全书贯彻以工作过程为导向的课程改革思想。

（2）借鉴自动扶梯的维护保养工艺及流程。

（3）教学内容注重电梯国家标准和行业规范的渗透。

（4）理论知识够用为度，实操内容较多。

（5）课程内容图文并茂。

2. 教学建议

（1）采用理实一体化教学，将自动扶梯真梯及教学设备引入课堂。

（2）采用丰富的图片、3D动画、仿真等教学资源。

（3）以小组形式，开展以学生为中心的教学。

（4）采用多种评价机制，激发学生的学习兴趣，过程评价和结果评价相结合。通过理论、实操、口述等方式检验学生的专业技能水平、操作安全意识、6S规范意识等，建立学生的发展性考核与评价体系。

（5）在教学过程中逐步渗透国家标准与行业规范，培养学生安全规范操作的意识。

本书学时分配建议见下表：

项目名称	任务名称	建议学时
项目一 自动扶梯的结构与原理	任务一 认识自动扶梯和自动人行道	4
	任务二 自动扶梯的结构与运行原理	6
项目二 自动扶梯驱动系统维护与保养	任务一 自动扶梯驱动主机的维护与保养	6
	任务二 自动扶梯主驱动轴装置的维护与保养	6
项目三 自动扶梯梯级系统各装置的维护与保养	任务一 自动扶梯梯级的维护与保养	6
	任务二 自动扶梯前沿板、梳齿板的检查与维护	6
	任务三 自动扶梯梯级链及张紧装置的维护与保养	4
项目四 自动扶梯扶手驱动装置及其附件的维护与保养	任务一 自动扶梯扶手带松紧度的检查与保养	6
	任务二 自动扶梯扶手带端部滑轮组及导轨的检查与保养	6
	任务三 自动扶梯扶手带驱动装置的检查和调整	6
项目五 自动扶梯电气装置的维护与保养	任务一 自动扶梯电气控制柜的维护与保养（上下机坑）	10
	任务二 自动扶梯安全回路的维护与保养	10
项目六 自动扶梯润滑系统的维护与保养	任务一 自动加油系统的维护与保养	4
	任务二 自动扶梯梯级链润滑、链轮的润滑	4
	任务三 自动扶梯扶手驱动链、驱动轴的润滑	4
	任务四 自动扶梯导轨润滑	4

本书由清远市职业技术学校联合深圳技师学院、佛山市南海区第一职业技术学校、广州市交通运输职业学校、深圳市第三职业技术学校、集美工业学校、东莞市电子科技学校等 6 所开设电梯专业的职业院校一线骨干教师和上海三菱电梯有限公司伍广斌工程师、深圳众学科技有限公司覃士升工程师及他们的团队开发完成，他们将平时教学、工作中的体会和感悟有机融入教材编写中，在此，对他们的辛勤劳动深表感谢。

本书由袁建锋任主编，陈路兴任副主编，参加编写的还有各学校电梯专业教学骨干教师。具体编写分工如下：杨国柱、苏灿明负责编写项目一；张挺负责编写项目二；陈路兴、陈柳栋负责编写项目三；袁建锋、邹军负责编写项目四；张蓉荣负责编写项目五；宫义才、郭资、杜鹭鹭、王文兴负责项目六。全书由陈路兴和吴月姣完成统稿，曾伟胜、袁建锋负责全书的校订，本书的仿真插图由邓洪廷及其团队完成。

由于编者水平有限，书中难免存在疏漏和不足之处，殷切期望广大师生、读者批评指正，在此深表感谢！同时希望广大师生、读者对本书提出宝贵的意见和建议。

编　者

2020 年 6 月

目　录

项目一
自动扶梯的结构与原理

项目概述

　　自动扶梯是一种在公众场所用于运送乘客的常见电力驱动设备，通常安装在商场、地铁站、火车站、机场等人员密集的场所，每天被出行的人员频繁地使用，其特点是可以不间断地运行，持续运送乘客。

　　本项目从自动扶梯的起源、发展及定义谈起，介绍了其特点和原理，以及分类方式、基本参数和主要部件的工作原理等。设计了 2 个工作任务，通过完成这 2 个工作任务，使学习者了解自动扶梯的起源与发展，学会自动扶梯和自动人行道的区分，学会自动扶梯和自动人行道的基本参数，熟悉自动扶梯的基本结构，掌握自动扶梯的运行原理，并能树立牢固的安全意识与规范操作的良好习惯。

项目目标

知识目标

1. 熟悉自动扶梯维护保养安全操作的步骤和注意事项。
2. 掌握自动扶梯和自动人行道的基本参数。
3. 掌握自动扶梯的基本结构和运行原理。

能力目标

1. 能够区分自动扶梯和自动人行道。
2. 能够熟练地指出自动人行道各个部件。
3. 能够熟练使用专用工具对自动扶梯进行测量。

素质目标

1. 培养学生自主学习能力。
2. 培养学生良好的安全意识和职业素养。

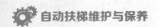

任务一 认识自动扶梯和自动人行道

任务描述

在学习自动扶梯维修与保养前，应了解自动扶梯的基本结构和基本原理。通过完成此任务，掌握自动扶梯的基本构成，熟悉自动扶梯各部件的运行原理。

任务准备

一、自动扶梯的起源及发展

1859 年，美国人内森·艾姆斯发明了一种"旋转式楼梯"，如图 1-1-1 所示，并获得专利。该专利的主要内容是：以电动机为动力驱动带有台阶的闭环输送带，让乘客从三角形状装置的一边进入，到达顶部后从另一边降下来，像一种游艺机。虽然缺乏实用性，但这种以电动机为动力驱动的升降方式在当时来说比较新颖，被认为是现代自动扶梯的最早构思。

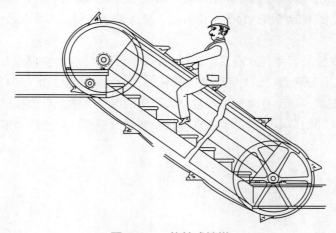

图 1-1-1 旋转式楼梯

1892 年，美国人乔治·惠勒发明了可以与梯级同步移动的扶手带，这是一个里程碑式的发明，因为这实现了"电动楼梯"的实际使用，如图 1-1-2 所示。

同年。美国人杰西·雷诺发明了倾斜输送机并取得专利。该专利中，传送带表面被制成凹槽形状，安装在上下端部的梳齿恰好与凹槽相啮合。这个梳齿装置看起来简单，但是它能够使乘客安全地进入和离开自动扶梯，是自动扶梯发展过程中的一个重大发明，也是安全理念在自动扶梯中的一个重要体现。

1898 年，杰西·雷诺将此专利卖给查尔斯·思伯格，后者十分热衷于自动扶梯的设计与生产制造，他于 1899 年加入美国奥的斯电梯公司，并创造了自动扶梯（Escalator）这个新名词，Escalator 由 Scale（梯级）一词与当时已普遍使用的 Elevator（电梯）一词组合而成，意思是带梯级的电梯。

1930 年，杰西·雷诺改良了该输送机的表面，在梯级的踏面上增加了更多的凹槽，并把原来的倾斜梯级踏面逐渐变成水平型式，如图 1-1-3 所示。

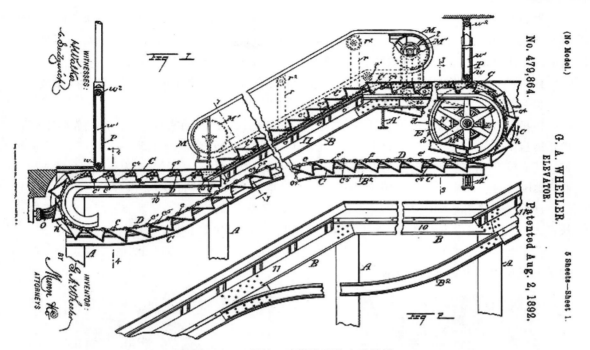

图 1-1-2　乔治·惠勒发明的电动楼梯

图 1-1-3　杰西·雷诺发明的自动扶梯

　　奥的斯电梯公司于 1899 年在纽约州制造了第一条有水平梯级、活动扶手和梳齿板的自动扶梯，并在 1900 年举行的巴黎博览会上以"自动扶梯"（Escalator）为名展出，且获得了大奖。此时的自动扶梯尚缺乏上下曲线段和上下水平移动段，而且梯级还在使用硬木材料。

　　1910 年，奥的斯电梯公司收购了查尔斯·思伯格的专利，次年买下了杰西·雷诺的公司，进一步完善了自动扶梯的设计，为自动扶梯的实际应用打下了基础。

　　1940 年以前，只有美国奥的斯等少数生产制造厂商在生产自动扶梯。第二次世界大战之后，由于需求量的增加以及新技术的应用，出现了很多新的自动扶梯生产厂商。1970 年后，自动扶梯发展成较为标准的产品，全球的市场竞争开始变得激烈。目前，国际上较为著名的自动扶梯厂商有美国奥的斯、瑞士迅达、德国蒂森·克虏伯、法国 CNIM、芬兰通力、日本日立、日本三菱等。

　　自动扶梯最先进入中国的时间是 1935 年。当时上海的大新百货公司安装了两台奥的斯自动扶梯，每个梯级仅供单人站立，能从地面上到二楼及三楼，如图 1-1-4 所示。

　　上海电梯厂则在 1959 年自行设计并生产了第一批自动扶梯，安装于北京火车站，至今已有 60 多年的历史，如图 1-1-5 所示。

图 1-1-4　上海大新百货公司安装的第一台　图 1-1-5　1959 年安装在北京火车站的第一批自动扶梯
　　　　　自动扶梯

　　20 世纪 80 年代，随着中国改革开放进程加快，国外先进技术不断引进，国内成立了多家合资电梯制造公司并开始生产自动扶梯，如中国迅达、上海三菱、日立（中国）、中国奥的斯等。20 世纪 90 年代，中国的自动扶梯生产再跃上一个新台阶，不但拥有众多的国际品牌生产厂家。还涌现出大量民族品牌的自动扶梯厂商，其中年产量达千台规模的就有数十家。

　　自动人行道方面，继美国、法国、德国、日本等国家之后，中国在 20 世纪 70 年代由上海电梯厂自行设计制造了踏步式的自动人行道，长度为 100 m，安装在北京国际机场候机大厅。

二、自动扶梯的定义

　　自动扶梯是一种带有循环运行梯级，用于向上或向下倾斜地连续运输乘客的固定电力驱动设备。它用在建筑物的不同楼层之间，由一台特殊结构型式的链式输送机和两台特殊结构型式的胶带输送机组合而成。带有一个循环运动的梯路，如图 1-1-6 所示。

自动人行道是带有循环运动走道（如板式或带式）水平或倾斜输送乘客的固定电力驱动设备，如图 1-1-7 所示。在本书中，所有提及自动扶梯之处，如无特别说明，均包含自动扶梯和自动人行道两种含义。

图 1-1-6　自动扶梯

图 1-1-7　自动人行道

自动扶梯和自动人行道的特点是能连续运送乘客，与电梯相比较具有更大的运输能力。它们不仅具有运载乘客的实用性，同时由于和建筑物紧密结合，也有一定的装饰功能，因此受到人们的普遍重视。它们被大量安装于商业大楼和各种人流集中的场所，广泛使用在宾馆、车站、码头、机场、地铁站等客流量较大的场合。

三、自动扶梯的分类

1. 按驱动的形式分

自动扶梯按驱动的形式分为链条传动式和齿条传动式。

（1）链条传动式

用一定节距的链条将梯级连成一个系统，即驱动装置带动链轮，再由链轮带动链条，从而驱动梯级，使梯级做循环运动。驱动装置设置在驱动站（上机房），在回转站（下机房）设置链轮张紧装置。随着提升高度的增加，驱动装置和链条的负载随之增大，自动扶梯结构则变大，质量也会增加，如图 1-1-8 所示。

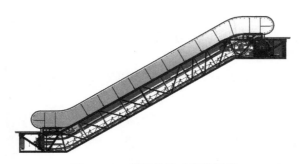

图 1-1-8　链条传动式自动扶梯

（2）齿条传动式

用多根齿条将梯级连成一体，驱动装置由齿轮与齿条啮合，从而直接驱动齿条使梯级运行。

驱动装置设置在上下分支间（自动扶梯中间的部分），根据这一特点，可以设置多个驱动装置进行驱动，也可以克服链条式驱动装置的缺陷。但目前齿条式传动比较少见，如图1-1-9所示。

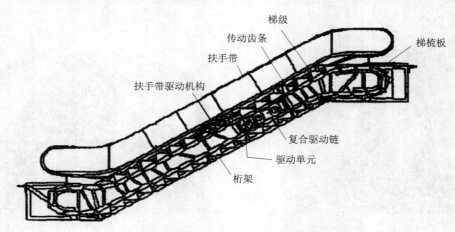

图1-1-9　齿条传动式自动扶梯

2. 按梯级宽度分

按梯级宽度分有1 000 mm、800 mm和600 mm等，对应的站立人数分别是2人、1.5人（两个梯级站3人）、1人。梯级的宽度不能过宽，否则中间站立的人无法握到扶手，容易造成不安全因素。

3. 按提升高度分

按提升高度分有小提升高度为3～6 m、中提升高度为6～20 m、大提升高度为20 m以上。超过6 m的提升高度，需要额外增加附加制动器等安全装置。

4. 按倾斜角度分

一般有27.3°、30°、35°等。

5. 按运行速度分

当倾斜角≤30°时，速度不超过0.75 m/s；当倾斜角>30°且≤35°时，速度不超过0.5 m/s（提升高度不超过6 m）。

6. 按设置方法分

按设置方法分有单台型、单列型、单列重叠型、并列型、交叉型等。

7. 按使用场合和受载情况分

按使用场合和受载情况分有普通型（轻型）、公共交通型（重型）；或者分成商用型和公共交通型。

8. 按外形分

按外形可分为平面式和空间式两种；按适用场合可分为室内和室外（有防雨棚或无防雨棚）两种（室外自动扶梯须考虑防水等性能）。

9. 按载荷和规格分

按载荷和规格可分为轻型、中型、重型3种。

四、自动人行道的分类

按功能可分为商用型和公共交通型；按规格可分为轻型、中型和重型；按倾斜角度可分为水平型和倾斜型（0°和12°），如图1-1-10所示。

图 1-1-10　0°自动人行道及大于12°自动人行道

五、自动扶梯与自动人行道的主要参数

自动扶梯的主要参数有提升高度、倾斜角、额定速度、梯级名义宽度和理论输送能力等，自动人行道的主要参数有土建提升高度和名义长度等参数。

1. 提升高度 H

提升高度 H 是指自动扶梯进出口两楼层板之间的垂直高度距离。

2. 倾斜角 a

倾斜角 a 是指梯级、踏板或扶手带运行方向与水平面构成的最大角度。一般自动扶梯的倾斜角有27.3°、30°、35°共3种，其中30°和35°较为常用。当提升高度 $H \leqslant 6$ m且额定速度 $v \leqslant 0.5$ m/s 时，倾斜角允许增至35°。自动人行道的倾斜角为0°～12°。

3. 额定速度 v

额定速度 v 是自动扶梯设计所规定的运行速度，通常有0.5 m/s、0.65 m/s和0.75 m/s共3种，最常用的为0.5 m/s。当倾斜角为35°时，其额定速度只能为0.5 m/s。自动人行道的额定运行速度通常有0.5 m/s、0.65 m/s、0.75 m/s和0.9 m/s共4种。

4. 梯级名义宽度 B

梯级名义宽度 B 是对自动扶梯设定的理论上的宽度值，一般指自动扶梯梯级安装后横向测量的踏面长度。自动扶梯的梯级名义宽度有600 mm、800 mm、900 mm、1 000 mm和1 200 mm等。自动人行道的梯级名义宽度有800 mm和1 000 mm。

5. 理论输送能力 C

理论输送能力 C 是自动扶梯与自动人行道理论上每小时能够输送的人数。为了确定理论输送能力，设在一个平均深度为0.4 m的梯级或每0.4 m可见长度的踏板或扶手带上能承载：当名义宽度 $B=0.6$ m时为1人，当名义宽度 $B=0.8$ m时为1.5人，当名义宽度 $B=1.0$ m时为2人。理论输送能力一般按以下公式计算：

$$C = v / 0.4 \cdot 3\,600 \cdot k$$

式中：C——理论输送能力，人/h；

v——额定速度，m/s；

k——系数。常用宽度的 k 值为：当 B=0.6 m 时，k=1.0；当 B=0.8 m 时，k=1.5；当 B=1.0 m 时，k=2.0。理论输送能力如表 1-1-1 所示。

表 1-1-1　自动扶梯与自动人行道在不同梯级宽度额定速度下的理论输送能力

梯级宽度 /mm	额定速度 / (m/s)		
	0.5	0.65	0.75
0.6	4 500	5 850	6 750
0.8	6 750	8 775	10 125
1.0	9 000	11 700	13 500

六、自动人行道的两个主要参数

1. 土建提升高度

自动人行道上下前沿板两水平面的垂直距离称为自动人行道的土建提升高度。

2. 名义长度

自动人行道头部与尾部基准点的距离称为自动人行道的名义长度，这是水平式自动人行道的重要参数。

七、自动扶梯和自动人行道维护所需工具

自动扶梯和自动人行道维护需要的劳保用品及工具一览表，如表 1-1-2 所示。

表 1-1-2　劳保用品及工具一览表

工具	名称	作用	工具	名称	作用
	手机	搜集资料		安全帽	保护头部安全
	铅笔	记录		防滑电工鞋	保护脚部安全
	笔记本	记录		5 m 钢卷尺	测量长、宽度
	万能角度尺	测量角度		水平尺	测量水平度
	防护栏 ×2	保护乘客及维修人员安全		手持式测速仪	测量速度

一、自动扶梯参观前的准备工作

①检查是否做好了自动扶梯发生故障的警示及相关安全措施。

②按规范做好维保人员的安全保护措施。

③准备相应的维保工具。

二、实操任务

在指导教师的带领下参观自动扶梯，完成实操检测任务，并填写表1-1-3。

表1-1-3　自动扶梯实操检测表

序号	测量部位	测量数据记录	备注
1	梯级宽度		
2	提升高度		
3	倾斜角 α		
4	理论输送能力		

任务完成后，由指导教师对本任务完成情况进行评价考核，评价表如表1-1-4所示。

表1-1-4　自动扶梯基本参数测量实操评价考核表（100分）

序号	内容	配分	考核评分标准	扣分	得分
1	安全意识	10	1. 不按要求穿着工作服、戴安全帽、穿防滑电工鞋（扣2分）； 2. 在自动扶梯出入口没有放置安全围栏（扣1分）； 3. 违反安全要求，进行带电作业（扣2分）； 4. 不按安全要求规范使用工具（扣2分）； 5. 其他违反安全操作规范的行为（扣2分）		
2	参观自动扶梯	50	1. 参观时不积极参与（扣10～30分）； 2. 参观时没有及时进行记录（扣20分）； 3. 参观时不听从指导教师安排（扣50分）		
3	测量过程	30	1. 未进行记录（扣30分）； 2. 记录内容不完整（每项扣1分）； 3. 记录内容不准确（每项扣1.5分）		
4	职业规范和环境保护	10	1. 在工作过程中工具和器材摆放凌乱（扣2分）； 2. 不爱护设备、工具，不节省材料（扣2分）； 3. 在工作完成后不清理现场，在工作中产生的废弃物不按规定处置，扣2分（若将废弃物遗弃在下机房内的扣10分）		
综合评价					

习题

一、选择题

1. 自动扶梯是一种带有循环运行梯级，用于向上或向下（　　）地连续运输乘客的固定电力驱动设备。

    A. 垂直　　　　　　B. 水平　　　　　　C. 倾斜　　　　　　D. 曲线

2. 自动扶梯的倾斜角 a，是指梯级、踏板或扶手带运行方向与水平面构成的最大角度。一般自动扶梯的倾斜角有 27.3°、30° 和（　　）等。

    A. 20°　　　　　　B. 25°　　　　　　C. 36°　　　　　　D. 35°

3. 额定速度 v，是自动扶梯设计所规定的运行速度，当倾斜角为 35° 时，其额定速度只能为（　　）m/s。

    A. 0.5　　　　　　B. 0.75　　　　　　C. 0.85　　　　　　D. 0.65

4. 理论输送能力 C，是自动扶梯与自动人行道理论上每（　　）能够输送的人数。

    A. 分钟　　　　　　B. 小时　　　　　　C. 天　　　　　　D. 月

5. 自动人行道的倾斜角为 0°～（　　）°。

    A. 8　　　　　　　B. 10　　　　　　　C. 12　　　　　　　D. 14

二、判断题

1. 自动扶梯和自动人行道的特点是能连续运送乘客，与电梯相比较具有更少的运输能力。　　　　　　　　　　　　　　　　　　　　　　　　　　　　（　　）

2. 自动扶梯倾斜角 >30° 且 ≤ 35° 时，速度不超过 0.75 m/s（提升高度不超过 6 m）。　（　　）

3. 提升高度 H，是指自动扶梯进出口两楼层板之间的垂直高度距离。　　　（　　）

4. 当提升高度 $H ≤ 6$ m 且额定速度 $v ≤ 0.75$ m/s 时，自动扶梯倾斜角允许增至 35°。（　　）

5. 自动人行道头部与尾部基准点的距离称为自动人行道的名义长度，这是水平式自动人行道的重要参数。　　　　　　　　　　　　　　　　　　　　　　　　　（　　）

任务二　自动扶梯的结构与运行原理

任务描述

在学习自动扶梯维修与保养前，应了解自动扶梯的基本结构和基本原理。通过完成此任务，掌握自动扶梯的基本构成，熟悉自动扶梯各部件的运行原理。

任务准备

一、自动扶梯的基本构成

自动扶梯是以电力驱动，在一定方向上能够大量、连续运送乘客的开放式运输机械。具有结构紧凑、安全可靠、安装维修简单方便等特点。因此，在客流量大而集中的场所，如车站、码头、商场等处，得以广泛应用。自动扶梯主要由桁架、驱动装置、张紧装置、导轨系统、梯级、梯级链（或齿条）、护栏、扶手带以及各种安全装置等组成，如图 1-2-1 所示。

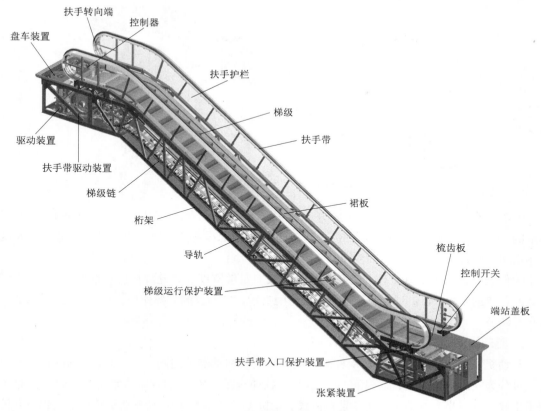

图 1-2-1　自动扶梯的主要构成

1.桁架

桁架是扶梯的基础构架，扶梯的所有零部件都装配在这一金属结构的构架中。一般用角钢、型钢或方形与矩形管等焊制而成。有整体焊接桁架（见图 1-2-2）与分体焊接桁架（见图 1-2-3）两种。

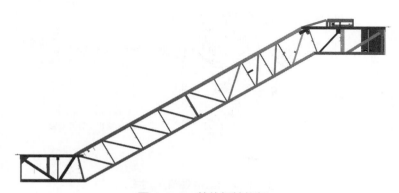

图 1-2-2　整体焊接桁架

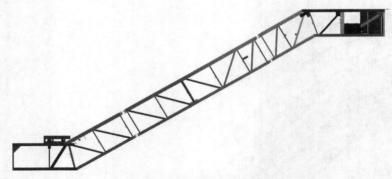

图 1-2-3 分体焊接桁架

分体桁架一般由 3 部分组成，即上平台、中部桁架与下平台。其中，上、下平台相对而言是标准的，只是由于额定速度的不同而涉及梯级水平段不同，影响到上平台与下平台的直线段长度。中部桁架长度将根据提升高度而变化。

为保证扶梯处于良好工作状态，桁架必须具有足够刚度，其允许挠度一般为扶梯上、下支撑点间距离的 1‰。必要时，扶梯桁架应设中间支承，它不仅起支撑作用，而且可随桁架的胀和缩自行调节。

2. 驱动机（以链条式为例）

驱动机主要由电动机、蜗轮蜗杆减速机、链轮、制动器（抱闸）等组成。就电动机的安装位置可分为立式与卧式，目前采用立式驱动机的扶梯居多。其优点为：结构紧凑，占地少，质量小，便于维修；噪声小，振动小，尤其是整体式驱动机（见图 1-2-4），其电动机转子轴与蜗杆共轴，因而平衡性很好，且可消除振动及降低噪声；承载能力大，小提升高度的扶梯可由一台驱动机驱动，中提升高度的扶梯可由两台驱动机驱动。

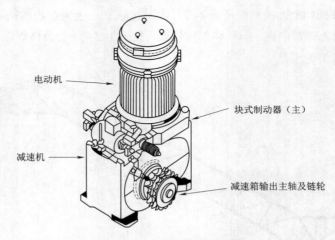

电动机

块式制动器（主）

减速机

减速箱输出主轴及链轮

图 1-2-4 自动扶梯驱动主机

3. 驱动装置

驱动装置主要由驱动链轮、梯级链轮、扶手带驱动链轮、主轴及制动轮或棘轮等组成。该装置从驱动机获得动力，经驱动链用以驱动梯级和扶手带，从而实现扶梯的主运动，并且可在应急时制动,防止乘客倒滑,确保乘客安全。该装置一般装配在上平台(上部桁架)中,如图1-2-5所示。

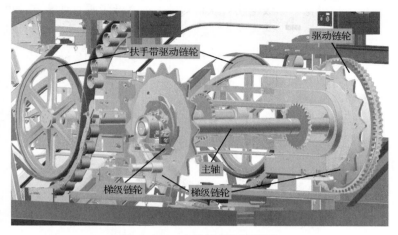

图 1-2-5 自动扶梯驱动装置

4. 张紧装置

如图1-2-6所示,张紧装置由梯链轮、轴、张紧小车及张紧梯级链的弹簧等组成。张紧弹簧可由螺母调节张力,使梯级链在扶梯运行时处于良好工作状态。当梯级链断裂或伸长时,张紧小车上的滚子精确导向产生位移,使其安全装置(梯级链断裂保护装置)起作用,扶梯立即停止运行。

图 1-2-6 自动扶梯张紧装置

5. 导轨

如图1-2-7所示,目前,相当一部分扶梯采用冷拔角钢作为扶梯梯级运行和返回导轨。采用国外引进技术生产的扶梯梯级运行和返回导轨均为冷弯型材,具有质量小、相对刚度大、制造精度高等特点,便于装配和调整。

由于采用了新型冷弯导轨及导轨架，降低了梯级的颠振运行、曲线运行和摇动运行，延长了梯级及滚轮的使用寿命。同时，减小了上平台（上部桁架）与下平台（下部桁架）导轨平滑的转折半径，又减少了梯级轮、梯级链轮对导轨的压力，降低了垂直加速度，也延长了导轨系统的寿命。

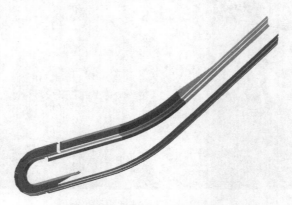

图 1-2-7　常见自动扶梯导轨

6. 梯级链

如图 1-2-8 所示，梯级链由具有永久性润滑的支撑轮支撑，梯级链上的梯级轮就可在导轨系统、驱动装置及张紧装置的链轮上平稳运行；还使负荷分布均匀，防止导轨系统的过早磨损，特别是在反向区两根梯级链由梯级轴连接，保证了梯级链整体运行的稳定性。梯级链的选择应与扶梯提升高度相对应。链销的承载压力是梯级链延长使用寿命的重要因素，必须合理选择链销直径，才能保证扶梯安全可靠运行。

图 1-2-8　梯级链

7. 梯级

梯级有整体压铸梯级与装配式梯级两类。

（1）整体压铸梯级

如图 1-2-9 所示，整体压铸梯级系铝合金压铸，脚踏板和起步板铸有筋条，起防滑作用和相邻梯级导向作用。这种梯级的特点是质量小（约为装配式梯级质量的50%），外观品质高，便于制造、装配和维修。

（2）装配式梯级

如图1-2-10所示，装配式梯级是由脚踏板、起步板、支架（以上为压铸件）与基础板（冲压件）、滚轮等组成，制造工艺复杂，装配后的梯级尺寸与形位公差的同一性差，质量大，不便于装配和维修。

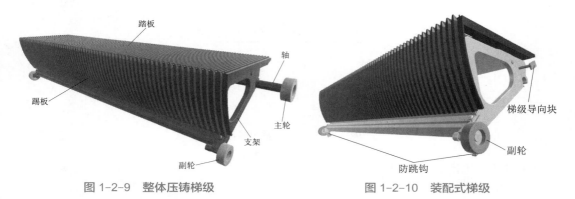

图 1-2-9　整体压铸梯级　　　　　　　　　　图 1-2-10　装配式梯级

上述两类梯级既可提供不带有安全标志线的梯级，也可提供带有安全标志线的有特殊要求的梯级。黄色安全标志线可用黄漆喷涂在梯级脚踏板周围，也可用黄色工程塑料制成镶块镶嵌在梯级脚踏板周围。

8. 扶手驱动装置

如图1-2-11所示，由驱动装置通过扶手驱动链直接驱动，无须中间轴，扶手带驱动轮缘有耐油橡胶摩擦层，以其高摩擦力保证扶手带与梯级同步运行。为使扶手带获得足够摩擦力，在扶手带驱动轮下，另设有带轮组。传动带的张紧度由带轮中一个带弹簧与螺杆进行调整，以确保扶手带正常工作。

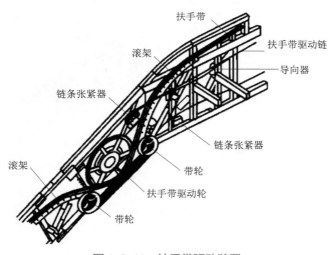

图 1-2-11　扶手带驱动装置

9.扶手带

如图 1-2-12 所示，扶手带由多种材料组成，主要为天然（或合成）橡胶、棉织物（帘子布）与钢丝或钢带等。扶手带的标准颜色为黑色，可根据客户要求，按照扶手带色卡提供多种颜色的扶手带（多为合成橡胶）。扶手带的质量，诸如物理性能、外观质量、包装运输等，必须严格遵循有关技术要求和规范。

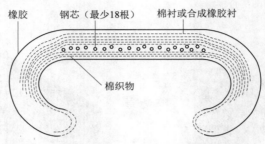

图 1-2-12　自动扶梯扶手带

10.梳齿、梳齿板、楼层板

（1）梳齿

如图 1-2-13 所示，在扶梯出入口处应装设梳齿与梳齿板，以确保乘客安全过渡。梳齿上的齿槽应与梯级上的齿槽啮合，即使乘客的鞋或物品在梯级上相对静止，也会平滑地过渡到楼层板上。一旦有物品阻碍了梯级的运行，梳齿被抬起或位移，可使扶梯停止运行。梳齿可采用铝合金压铸件，也可采用工程塑料注塑件。

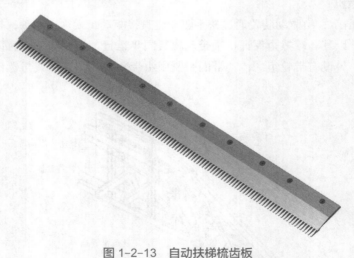

图 1-2-13　自动扶梯梳齿板

（2）梳齿板

梳齿板用以固定梳齿。它可用铝合金型材制作，也可用较厚碳钢板制作。现实生活中，为了维修更换方便，通常是分段的。

（3）楼层板（着陆板）

楼层板既是扶梯乘客的出入口，也是上平台、下平台维修间（机房）的盖板，一般用薄钢

板制作，背面焊有加强筋。楼层板表面应铺设耐磨、防滑材料，如铝合金型材、花纹不锈钢板或橡胶地板

11. 扶栏

扶栏设在梯级两侧，起保护和装饰作用（见图1-2-14）。它有多种型式，结构和材料也不尽相同，一般分为垂直扶栏和倾斜扶栏。这两类扶栏又可分为全透明无支撑、全透明有支撑、半透明及不透明4种。垂直扶栏为全透明无支撑扶栏，倾斜扶栏为不透明或半透明扶栏。由于扶栏结构不同，扶手带驱动方式也随之各异。

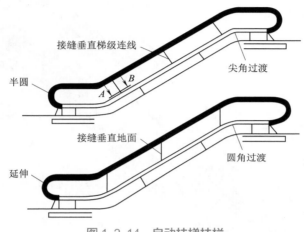

图1-2-14 自动扶梯扶栏

①垂直扶栏：这类扶栏采用自撑式安全玻璃衬板。

②倾斜扶栏：这种扶栏采用不锈钢衬板。该衬板与梯级呈倾斜布置。一般用于较大提升高度的扶梯，原因是扶栏质量较大，不能以玻璃作为支撑物，另在扶手带转折处还要增加转向轮。

12. 润滑系统

如图1-2-15所示，所有梯级链与梯级的滚轮均为永久性润滑。主驱动链、扶手驱动链及梯级链则由自动控制润滑系统分别进行润滑。该润滑系统为自动定时、定点直接将润滑油喷到链销上，使之得到良好的润滑。润滑系统中泵或电磁阀的启动时间、给油时间均由控制柜中的延时继电器控制（PC控制则由PC内部时间继电器控制）。

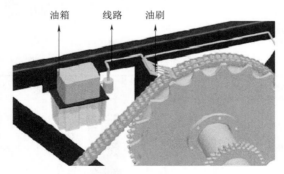

图1-2-15 自动扶梯润滑装置

13. 安全保护装置

自动扶梯安全保护装置，如图 1-2-16 所示，扶梯是公共交通的重要工具，安全是至关重要的。随着 PC 的应用，对故障的自动报警、自动显示、自动故障分析均能实现。根据扶梯安全标准规定，自动扶梯必须有以下安全保护装置：停止装置、扶手带入口保护装置、梳齿板保护装置、围裙板与梯级安全保护装置、驱动链断裂安全保护装置、扶手断裂安全保护装置等。

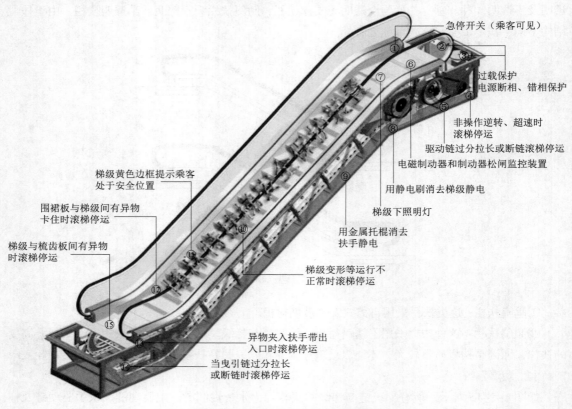

图 1-2-16　自动扶梯安全保护装置

二、认识自动扶梯基本结构所需工具

认识自动扶梯基本结构及运行原理需要的相关工具及劳保用品一览表。如表 1-2-1 和表 1-2-2 所示。

表 1-2-1　认识自动扶梯基本结构所需工具一览表

工具	名称	作用	工具	名称	作用
	呆扳手	安装、拆卸		万用表	电路检测

续表

工具	名称	作用	工具	名称	作用
	梅花扳手	安装、拆卸		钳形表	测量交流电流
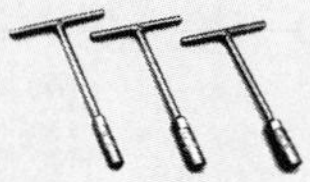	T形扳手	安装、拆卸		卡簧钳	取出及放置卡簧
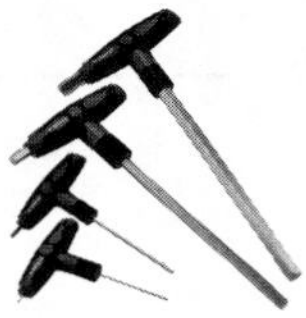	内六角扳手	安装、拆卸		塞尺	测量间隙
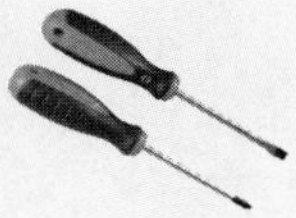	螺钉旋具	安装、拆卸		楔形塞尺	测量间隙
	胶锤	修正部件		钢卷尺	测量长、宽度
	线锤	测量垂直度	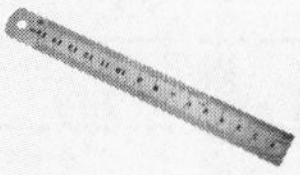	钢直尺	测量尺寸
	水平尺	测量水平度		手持式测速仪	测量速度

表 1-2-2　认识自动扶梯基本结构所需劳保用品一览表

工具	名称	作用	工具	名称	作用
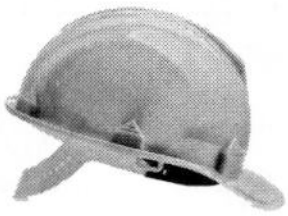	安全帽	保护头部安全		工作服	身体防护

续表

工具	名称	作用	工具	名称	作用
	防滑电工鞋	保护脚部安全		护目镜	保护眼睛
	防护栏	保护乘客及维修人员安全		安全绳	高空防坠落
	手持式测速仪	测量速度		手套	保护手

 任务实施

一、自动扶梯参观前的准备工作

1. 检查是否做好了自动扶梯发生故障的警示及相关安全措施。

2. 按规范做好维保人员的安全保护措施。

3. 准备相应的维保工具。

二、实操任务

学生在指导教师的带领下参观自动扶梯，并完成记录，如表 1-2-3 所示。

表 1-2-3　参观自动扶梯记录表

序号	部件名称	所在位置	主要功能	备注
1	驱动主机			
2	驱动装置			
3	张紧装置			
4	导轨			
5	梯级链			
6	梯级			
7	扶手带驱动装置			
8	扶手带			
9	梳齿、梳齿板、楼层板			
10	扶栏			
11	润滑系统			
12	前沿板缺失保护装置			
13	扶手带入口保护装置			

续表

序号	部件名称	所在位置	主要功能	备注
14	梳齿板异物保护装置			
15	梯级链过分拉长或断链保护装置			
16	围裙板异物或变形保护装置			
17	梯级缺失或下陷保护装置			
18	驱动链过分拉长或断链保护装置			
19	急停开关			
20	相序保护			
21	过载保护			

任 务 评 价

任务完成后，由指导教师对本任务完成情况进行评价考核，评价考核表如表1-2-4所示。

表 1-2-4　扶梯急停拆装及检查维护实操评价考核表（100分）

序号	内容	配分	考核评分标准	扣分	得分
1	安全意识	10	1. 不按要求穿着工作服、戴安全帽、穿防滑电工鞋（扣2分）； 2. 在自动扶梯出入口没有放置安全围栏（扣1分）； 3. 违反安全要求，进行带电作业（扣2分）； 4. 不按安全要求规范使用工具（扣2分）； 5. 其他违反安全操作规范的行为（扣2分）		
2	参观自动扶梯	50	1. 参观时不积极参与（扣10～30分）； 2. 参观时没有及时进行记录（扣20分）； 3. 参观时不听从指导老师安排（扣50分）		
3	部件位置及功能作业	30	1. 未进行记录（扣30分）； 2. 记录内容不完整（每项扣2分）； 3. 记录内容不准确（每项扣2分）		
4	职业规范和环境保护	10	1. 在工作过程中工具和器材摆放凌乱（扣2分）； 2. 不爱护设备、工具，不节省材料（扣2分）； 3. 在工作完成后不清理现场，在工作中产生的废弃物不按规定处置， 　　扣2分（若将废弃物遗弃在下机房内的扣10分）		
综合评价					

一、选择题

1. 自动扶梯的桁架是（　　）结构的。

A. 木质　　　　　　　　B. 金属　　　　　　　　C. 塑胶　　　　　　　　D. 尼龙

2. 下列属于（　　）自动扶梯安全保护装置。

　　A. 驱动机　　　　　　B. 梯级　　　　　　C. 急停开关　　　　　D. 围裙板

3. 自动扶梯和自动人行道适合于（　　）场所。

　　A. 人流量大且垂直距离不高　　　　　　B. 人流量大且垂直距离高

　　C. 人流量小且垂直距离高　　　　　　　D. 人流量小且垂直距离不高

4. 自动扶梯桁架分为上平台、（　　）、下平台。

　　A. 中间平台　　　　　B. 中部桁架　　　　C. 中部平台　　　　　D. 中间桁架

5. 自动扶梯梯级分为整体压铸梯级和（　　）。

　　A. 焊接式梯级　　　　B. 卡口式梯级　　　C. 铆钉式梯级　　　　D. 装配式梯级

二、判断题

1. 自动扶梯在运行过程中，梯级突然脱轨下沉梯级下陷开关应动作。　　　　　　（　　）

2. 自动扶梯的润滑系统应至少在 15 日内进行一次润滑。　　　　　　　　　　　（　　）

3. 驱动链只要是不影响运行，拉长后不需要进行调整。　　　　　　　　　　　　（　　）

4. 梳齿板的作用是防止异物进入扶梯内部。　　　　　　　　　　　　　　　　　（　　）

5. 当自动扶梯因停电或故障不能使用时，可以作为普通楼梯使用。　　　　　　　（　　）

项目二
自动扶梯驱动系统维护与保养

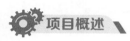

项目概述

　　要对自动扶梯驱动系统进行常规保养，操作者必须掌握自动扶梯驱动系统的结构，在熟悉驱动系统结构的基础上才能按照安全规范操作的步骤及方法对驱动系统进行维护和保养，从而确保人身及设备的安全。

　　本项目根据自动扶梯驱动系统维修与保养的基本操作这一要求，设计了驱动主机的维护与保养和主驱动轴装置的维护与保养2个工作任务，通过完成这2个工作任务，使学习者掌握基本安全规范操作，学会自动扶梯驱动主机的维护与保养及主驱动轴装置的维护与保养和定期检查，学会按照正确步骤进行检查保养及调整，并能树立牢固的安全意识与规范操作的良好习惯。

项目目标

知识目标

1. 掌握自动扶梯驱动主机的维护与保养和主驱动轴装置的结构和特点。

2. 掌握抱闸检查、调整的维保要求和方法。

3. 掌握主驱动链张紧力及平行度调整的维保要求和方法。

4. 掌握齿轮箱油的检查、更换及加注润滑油的维保要求和方法。

5. 掌握三角皮带的更换及调整的维保要求和方法。

6. 掌握主驱动轴装置的维护与保养要求和方法。

能力目标

1. 会检查维护保养抱闸、驱动链张紧力和平行度调整。

2. 会对齿轮箱油的检查更换及加注、三角皮带的更换和调整。

3. 会对主驱动轴装置的维护与保养。

4. 会填写《维护保养单》；能对每台自动扶梯或自动人行道设立维护保养档案，并记录维护内容调整原因和情况。

素质目标

1. 工作认真、负责，严格执行维修工艺规程和安全规程，发现隐患立即处理。

2. 应对所维护保养的自动扶梯和自动人行道制订正确可行的维修计划并予以实施。

3. 维修人员应遵循有关的安全法规和标准，能以必要、正确的操作来保证自动扶梯和自动人行道的正常安全运行。

4. 培养学生良好的安全意识和职业素养。

任务一　自动扶梯驱动主机的维护与保养

任务描述

根据自动扶梯维护保养流程，对自动扶梯驱动主机的抱闸进行检查和调整；对主驱动链张紧力及平行度进行调整；对驱动主机的齿轮箱油进行检查、更换及加注；三角皮带的更换及调整。通过完成此任务，掌握驱动主机的结构特点及作用，按照维护保养流程对驱动主机进行维护保养，能够诊断与排除驱动主机在运行过程中的安全隐患。

任务准备

一、驱动系统

自动扶梯的驱动系统包括曳引机、控制箱、扶手驱动轮、梯级曳引链等部件，如图 2-1-1 所示。驱动装置是自动扶梯的动力源，它通过主驱动链条将电动机的动力传递给驱动主轴，由驱动主轴带动梯级链轮以及扶手链轮，从而带动梯级和扶手带的运行。驱动装置由电动机、减速器、制动器、传动链条、带轮及三角皮带等部件组成。

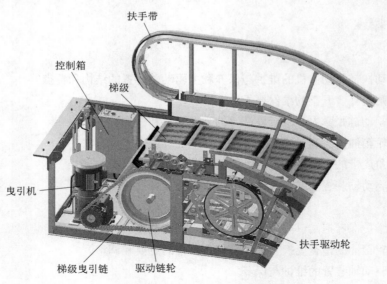

图 2-1-1　自动扶梯驱动系统

驱动装置主要是以牵引链条为牵引件，设置在自动扶梯的上端部，称为上机房。其主要组成部分包括驱动主机、制动器和牵引构件等。当驱动装置通电后，制动器松开，驱动主机转动带动链条驱动主轴运行。

1.驱动主机

驱动主机分为立式和卧式两种，如图2-1-2和图2-1-3所示。

图2-1-2 立式驱动主机

图2-1-3 卧式驱动主机

2.制动器

制动器是自动扶梯的重要部件之一，在自动扶梯减速、停止、超速、逆转、故障、停电等情况下，可以防止意外事故发生。安装在驱动主机上的制动器称为工作制动器，安装在主驱动轴上的制动器称为附加制动器。当制动器通电时保持正常释放运行，断电时立即制动停止运行。通常分为块式制动器、带式制动器和盘式制动器三种。

（1）块式制动器

采用块式制动器的驱动主机，其电动机和减速箱之间是通过联轴器进行传动的。在制动时不会产生偏心力，具有制动平稳，安装调整方便等优点，在自动扶梯上使用最广泛，如图2-1-4所示。

（2）带式制动器

带式制动器是利用制动杆及张紧的钢带作用在制动轮上的压力作为制动摩擦力。其结构简单、紧凑、包角大，在自动扶梯上行和下行时产生不同的制动力矩，容易产生偏心力，如图2-1-5所示。

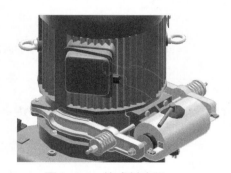

图2-1-4 块式制动器

图2-1-5 带式制动器

（3）盘式制动器

盘式制动器又称电磁制动器，在电梯通电运行时释放摩擦副驱动机构运转工作，断电或停止运行时利用压簧结构摩擦副正压力进行制动，如图2-1-6所示。

图 2-1-6　盘式制动器

二、自动扶梯驱动主机维护保养所需工具

自动扶梯驱动主机维护保养需要的相关工具及劳保用品一览表，如表 2-1-1 和表 2-1-2 所示。

表 2-1-1　自动扶梯驱动主机维护保养需要的相关工具一览表

工具	名称	作用	工具	名称	作用
	呆扳手	安装、拆卸		万用表	电路检测
	梅花扳手	安装、拆卸		钳形表	测量交流电流
	T 形扳手	安装、拆卸		卡簧钳	取出及放置卡簧
	内六角扳手	安装、拆卸		塞尺	测量间隙
	螺丝刀	安装、拆卸		楔形塞尺	测量间隙
	胶锤	修正部件		钢卷尺	测量长、宽度
	线锤	测量垂直度		钢直尺	测量尺寸
	水平尺	测量水平度		手持式测速仪	测量速度

表 2-1-2　自动扶梯驱动主机维护保养需要劳保用品一览表

工具	名称	作用	工具	名称	作用
	安全帽	保护头部安全		工作服	身体防护
	防滑电工鞋	保护脚部安全		护目镜	保护眼睛
	防护栏	保护乘客及维修人员安全		安全绳	高空防坠落
	手持式测速仪	测量速度		手套	保护手

一、自动扶梯驱动系统维护与保养前的准备工作

①检查是否做好了自动扶梯发生故障的警示及相关安全措施。

②按规范做好维保人员的安全保护措施。

③准备相应的维保工具。

二、自动扶梯驱动系统维护与保养

1. 抱闸检查和调整要求

抱闸的检查和调整要求如表 2-1-3 所示。

表 2-1-3　抱闸的检查和调整要求

序号	检查项目	检查要点	检查周期
1	制动器检查	检查制动器工作状态，制动器间隙调整、制动力矩调整	2 个月
2	空载制动距离检查	使扶梯空载运行，然后紧急制动，检查制动距离应在要求范围内。如不符合要求，调整制动器间隙和制动力矩	每次

（1）制动器外观检查

①断开自动扶梯主电源，用万用表测量电源输出端确保零电能。

②拆下制动器上的保护罩，进行清洁工作，除去灰尘、油污和杂质，并确认各接线端牢固、正常。

③检查制动器底部是否有大量粉末出现。如果存在大量粉末，必须对制动器进行检查及调整，确认无异常后方可重新投入使用。

④检查制动器上温度传感器工作是否正常，是否存在松动或脱落现象。

> (!) 注意：
>
> 　如果检查制动器发现异常情况，应立即更换制动器组件。

（2）制动器动作检查

通电检查，使扶梯上下运行并制停多次后检查下述内容：

① 检查制动器衔铁能否动作，如图 2-1-7 所示。

② 检查制动器是否异常发热，如图 2-1-8 所示。

图 2-1-7　检查制动器衔铁能否动作　　图 2-1-8　检查制动器是否异常发热

（3）制动器间隙检查

在制动器衔铁和芯体之间插入塞尺，用塞尺沿制动器周围一圈测量制动器间隙。制动器间隙要求为 0.4 ~ 0.7 mm，当大于 0.7 mm 时调整至 0.4 mm，如图 2-1-9 所示。

（4）制动器间隙调整

根据制动器间隙检查的情况，当间隙超过 0.7 mm 时，需进行调整。制动器间隙调整步骤如下：

① 关闭扶梯电源，松开间隙调整螺栓的锁紧螺母，

图 2-1-9　检查制动器间隙

逐个拧动间隙调整螺母，调整间隙至 0.4 mm 后拧紧锁紧螺母，如图 2-1-10 和图 2-1-11 所示。

图 2-1-10　关闭扶梯电源　　　　图 2-1-11　螺栓的锁紧螺母

> (!) 提示：
>
> 　顺时针旋转——制动器间隙减小；逆时针旋转——制动器间隙增大。

②调整结束后，上下行反复运行扶梯制动 3 次以上，再次测量间隙确认是否良好，如不符合要求则再次调整。

> ⚠ **注意：**
>
> 如果多次调整后仍无法满足要求，说明有不规则磨损，需要更换制动器。

（5）制停距离检查

自动扶梯在空载和有载向下运行时的制动距离要求如表 2-1-4 所示。

表 2-1-4 自动扶梯在空载和有载向下运行时的制动距离要求

序号	运行速度 /（m/s）	制停距离要求 /m
1	0.5	0.2 ~ 1
2	0.65	0.3 ~ 1.3
3	0.75	0.4-1.5

制动距离检查方法：

①用胶带分别在围裙板上和一个梯级上做好标记，如图 2-1-12 和图 2-1-13 所示。

图 2-1-12 在围裙上做标记

图 2-1-13 在梯级上做标记

②使用检验电缆，先让自动扶梯上行运行，然后下行运行。当梯级和裙板上的标记点吻合时停止，如图 2-1-14 所示。

③当两个标记重合时，按下急停开关使产品制动停止，测量两个标记之间的制动距离，如图 2-1-15 所示。

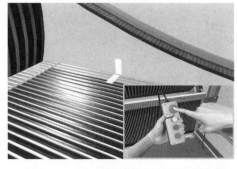

图 2-1-14 标记点吻合时按下急停开关

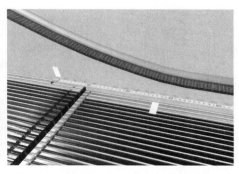

图 2-1-15 测量两个标记之间的制动距离

按上述方法有效试验 3 次，确认制动距离是否满足制停要求，如果制动距离没有满足要求，根据制动器检查的要求进行检查调整，必要时更换制动器。

（6）制动距离的调整方法

① 检查制动距离（制动距离应调节为额定值 270 mm，额定速度为 0.5 m/s）。

② 撤离梯级上的所有人员和工具，驱动主机主电源处于 OFF 状态，如图 2-1-16 所示 。

③ 对制动器调节弹簧进行调整：制动距离过大，则调紧弹簧；制动距离过小，则调松弹簧，如图 2-1-17 所示。

图 2-1-16　主电源处于 OFF 状态

图 2-1-17　调整制动器调节弹簧

④ 驱动主机主电源置于 ON 状态 ，如图 2-1-18 所示。

⑤ 下行起动自动扶梯，按停止按钮，测量制动距离，如图 2-1-19 所示。

图 2-1-18　主电源处于 ON 状态

图 2-1-19　测量制动器调节弹簧

⑥ 检查扶梯制动距离，如不符合要求，则继续调整，直到达到最小的制动距离，如图 2-1-20 所示。

图 2-1-20　反复检查制动距离

2. 主驱动链张紧力及平行度调整

主驱动链张紧力及平行度维保要求如表 2-1-5 所示。

表 2-1-5　主驱动链张紧力及平行度维保要求

检查项目	检查要点	检查周期
驱动链检查	检查调整驱动链张紧力	2 个月

（1）主驱动链张紧力下垂量要求

检查主驱动链的张紧程度。驱动链的张紧程度以自动扶梯上行时链条松边的下垂量 x 在 10 ~ 14 mm 为宜，如图 2-1-21 所示。扶手转轴链条的下垂量不大于 10 mm 为宜。

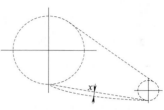

图 2-1-21　链条松边下垂量

（2）驱动链张紧力及平行度的调整方法

① 松开驱动主机的调节螺栓，检查输出轴双排链条的张紧力，如图 2-1-22 所示。

② 对调节螺栓进行调整，把驱动主机向后顶出，检查输出轴双排链条的张紧力情况，其张紧力不易过松或者过紧，下垂量在 10 ~ 14 mm 为宜，如图 2-1-23 所示。

图 2-1-22　检查输出轴双排链条的张紧力

图 2-1-23　对调节螺栓进行调整

③ 调整自动扶梯主轴侧板上的调整螺栓，检查扶手转轴的张紧力，其链条下垂量不大于 10 mm 为宜，如图 2-1-24 所示。

④检查链条和链轮的平行度，并进行调整，如图 2-1-25 所示。

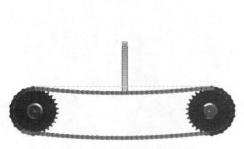

图 2-1-24　检查扶手转轴的张紧力

图 2-1-25　检查链条和链轮的平行度

3. 齿轮箱油的检查、更换及加注

齿轮箱油的检查、更换及加注维保要求如表 2-1-6 所示。

表 2-1-6　齿轮箱油的检查、更换及加注维保要求

序号	检查项目	检查要点	检查周期
1	减速箱油位及渗漏油检查	检查减速箱内油位是否正常； 检查通气孔是否畅通； 检查减速箱有无严重渗漏油； 检查有无油污飞溅到三角皮带防油挡板上	每次
2	减速箱齿轮油更换	当油位接近或低于下限时应及时加油。更换齿轮油时将旧的齿轮油从放油孔全部放出，用煤油清洗减速箱，然后从加油孔加入新齿轮油	2 年

（1）齿轮箱油的检查方法

① 扶梯停止数分钟后观测减速箱油位。观察油位是否在量油尺上的上下标之间，如图 2-1-26 所示。

② 检查确认通气孔是否畅通，如有积尘、堵塞等情况，及时清理。清理时要将通气阀拧下，用汽油或类似的清洗剂进行清洗，如图 2-1-27 所示。

图 2-1-26　检查减速箱观察油位　　　　图 2-1-27　检查确认通气孔

③ 检查减速箱输入、输出轴端及油标处有无严重渗漏油的情况（通常渗漏油量不应超过 25 mL/ 月），如图 2-1-28 所示。

④ 检查有无油污飞溅到三角皮带防油挡板上，如图 2-1-29 所示。

图 2-1-28　检查减速箱有无渗漏油　　　　图 2-1-29　检查有无油污飞溅

（2）减速箱齿轮油加注和更换

产品在交付使用 3 个月后需更换新齿轮油,因箱体内齿轮在早期磨合时会产生少量金属粉末,必须在换油时予以清理,以后每 2 年更换一次齿轮油。

① 通过油标检查齿轮油油位，当发现油位接近或低于下限时应及时加油，如图 2-1-30 和图 2-1-31 所示。

图 2-1-30　齿轮油油位检查

图 2-1-31　齿轮油油位加油

②更换齿轮油时将旧的齿轮油从放油孔全部放出，用煤油清洗减速箱，然后从加油孔加入新齿轮油，如图 2-1-32 和图 2-1-33 所示。

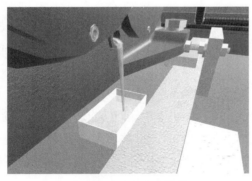

图 2-1-32　齿轮油排放

倒入煤油清洗

图 2-1-33　齿轮油清洗

注意事项:

➤ 扶梯停止运行 5 ～ 10 min 后再检查油位。

➤ 加油时要注意油位不应超过油标上限，加油过量可能会引起渗漏油等情况。

➤ 不要将不同种类或不同厂家的润滑油混合使用。

4. 三角皮带的更换及调整

三角皮带的更换及调整要求如表 2-1-7 所示。

表 2-1-7　三角皮带的更换及调整要求

序号	检查项目	检查要点	检查周期
1	三角皮带检查	对三角皮带进行检查，观察皮带上有无油污附着，如有应及时清理，必要时更换新皮带	2个月
		检查皮带是否有破损、开裂等情况，如有应及时更换	
		检查调整三角皮带张紧力，如果一组皮带平均张紧力低于或接近 20 N/8 mm（标准范围的最小值），需要更换	
2	三角皮带更换	三角皮带磨损至低于带轮轮缘	2个月
		三角皮带有一根或以上龟裂、断裂（三角皮带必须一组同时更换，不能只更换一组中的 1 根或 2 根皮带）	
		三角皮带两侧有不均匀磨损或底部有磨损	
		三角皮带张力经调整后，平均张紧力仍低于或接近 20 N/8 mm 时	

（1）三角皮带张紧力测量

在每根皮带中部用笔式张力测试计测量皮带的张紧力，同时几根皮带的张紧力应均匀。施加力 $P=20 \sim 25$ N，位移 $\delta=8$ mm，如不在要求范围内需调整，如图 2-1-34 所示。

（2）三角皮带张紧力调整方法

以 7.5 kW（含）以下的驱动装置为例，如图 2-1-35 所示，按下述方法调整三角皮带张紧力，操作步骤如下：

① 松开电动机固定螺栓（4 枚螺栓）。

② 松开平行度调整螺栓 A。

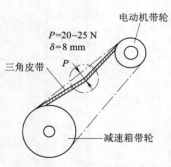

图 2-1-34　三角皮带张力检查

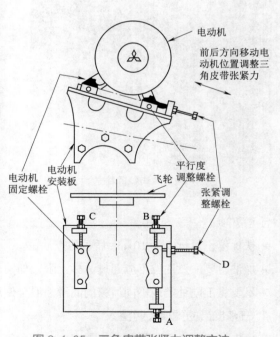

图 2-1-35　三角皮带张紧力调整方法

③ 松开张紧力，调整张紧螺栓 D 上的锁紧螺母，通过螺栓 D 在前后方向上移动电动机位置，以调整三角皮带张紧力。

④ 调整好后拧紧螺栓 D 上的锁紧螺母。

⑤ 拧紧螺栓 A。

⑥ 拧紧电动机固定螺栓（4 枚螺栓）。

⑦ 使产品运行一圈，再次确认皮带的张紧力和带轮的平行度良好。如果需要，根据上述步骤或皮带轮平行度的调整方法再次调整。

> ⚠ 注意：
>
> 在调整三角皮带张紧力时，不能过度拧松螺栓A，不能拧松螺栓B和C，否则容易影响平行度。

（3）三角皮带更换方法

以 7.5 kW（含）以下的驱动装置为例，如图 2-1-35 所示，按下述方法更换三角皮带，操作步骤如下：

① 松开电动机固定螺栓（4 枚螺栓）。

② 松开平行度调整螺栓 A。

③ 松开张紧力，调整张紧螺栓 D 上的锁紧螺母，通过螺栓 D 在前后方向上移动电动机位置，使三角皮带张紧力逐渐减小，直至可以将三角皮带逐一取出轮槽。

④ 将新皮带按照先内后外的顺序逐一安装到位。

⑤ 调整好后拧紧螺栓 D，重新调整新皮带的张紧力，然后拧紧螺栓 D 上的锁紧螺母。

⑥ 拧紧螺栓 A。

⑦ 拧紧电动机固定螺栓（4 枚螺栓）。

⑧ 使产品运行一圈，再次确认皮带的张紧力和皮带轮的平行度良好。如果需要，根据上述步骤或皮带轮平行度的调整方法再次调整。

> ⚠ 注意：
>
> 更换新的三角皮带后将张紧力调整到25 N，并且在更换后的下一次保养时再检查皮带的张紧力，因为有时张紧力会偏松。

任务评价

任务完成后，由指导教师对本任务完成情况进行评价考核，评价考核表如表 2-1-8 所示。

表 2-1-8　驱动系统维护与保养实操评价考核表（100 分）

序号	内容	配分	考核评分标准	扣分	得分
1	安全意识	10	1. 不按要求穿着工作服、戴安全帽、穿防滑电工鞋（扣 2 分）； 2. 在自动扶梯出入口没有放置安全围栏（扣 2 分）； 3. 违反安全要求，进行带电作业（扣 2 分）； 4. 不按安全要求规范使用工具（扣 2 分）； 5. 其他违反安全操作规范的行为（扣 2 分）		

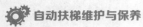

续表

序号	内容	配分	考核评分标准	扣分	得分
2	抱闸检查和调整	20	1. 不会对制动器进行检查（扣4分）； 2. 不会对制动器间隙进行检查（扣4分）； 3. 不会对制动器间隙进行调整（扣4分）； 4. 不会对制停距离进行检查（扣4分）； 5. 不会对制停距离进行调整（扣4分）		
3	主驱动链张紧力及平行度调整	20	1. 不会测量驱动链松边下垂量（扣4分）； 2. 不会调整驱动链张紧力（扣8分）； 3. 不会调整驱动链平行度（扣8分）		
4	齿轮箱油的检查、更换及加注	20	1. 不会减速箱油位及渗漏油检查（扣4分）； 2. 不会对减速箱齿轮油进行加注（扣8分）； 3. 不会对减速箱齿轮油进行更换（扣8分）		
5	三角皮带的更换及调整	20	1. 不会对三角皮带张紧力测量检查（扣4分）； 2. 不会调整三角皮带张紧力（扣8分）； 3. 不会更换三角皮带（扣8分）		
6	职业规范和环境保护	10	1. 在工作过程中工具和器材摆放凌乱（扣2分）； 2. 不爱护设备、工具，不节省材料（扣2分）； 3. 在工作完成后不清理现场，在工作中产生的废弃物不按规定处置，扣2分（若将废弃物遗弃在场地的扣10分）		
	综合评价				

习题

一、选择题

1. 自动扶梯的驱动系统包括曳引机、控制箱、（   ）、梯级曳引链条等部件。

    A. 扶手驱动   B. 梯级   C. 张紧装置   D. 梳齿板

2. 自动扶梯制动器间隙为（   ）。

    A. 0.3 ~ 0.6 mm   B. 0.4 ~ 0.7 mm   C. 0.5 ~ 0.8 mm   D. 0.6 ~ 1 mm

3. 自动扶梯在空载和有载向下运行时的制动距离应满足：当速度 $v=0.5$ m/s 时，制动距离为（   ）；当速度 $v=0.65$ m/s 时，制动距离为（   ）；当速度 $v=0.75$ m/s 时，制动距离为（   ）。

    A. 0.2 ~ 1 m   B. 0.3 ~ 1.3 m   C. 0.4 ~ 1.5 m   D. 0.5 ~ 1.5 m

4. 端部驱动是自动扶梯采用（   ）式驱动。

    A. 链条   B. 齿轮   C. 带   D. 齿条

5. 三角皮带有一根或以上龟裂、断裂时，三角皮带可以更换（   ）。

    A. 1 根   B. 2 根   C. 3 根   D. 必须全部更换

二、判断题

1. 驱动主机分为立式和卧式两种。   （   ）

2. 驱动装置由电动机、减速器、制动器、传动链条、带轮及三角皮带等部件组成。 （   ）

3. 在进行制停距离检查时，只需测量一次即可判断制停距离是否符合要求。   （   ）

4. 观测减速箱油位时，可以在扶梯运行时候进行检查。   （   ）

5. 齿轮箱加油时油位可以超过油标上限。   （   ）

任务二　自动扶梯主驱动轴装置的维护与保养

　　根据自动扶梯维护保养流程，对自动扶梯主驱动轴装置进行维护与保养。通过完成此任务，掌握主驱动轴的结构特点及作用，按照维护保养流程对主驱动轴进行维护保养，能够诊断与排除主驱动轴在运行过程中的安全隐患。

任务准备

一、主驱动轴

　　自动扶梯的主驱动轴是自动扶梯重要的受力部件，接收来自于电动机的动力，驱动梯级链和扶手带运动。主驱动轴安装在自动扶梯的上端部，轴上有主驱动轮、梯级链轮、扶手驱动链轮和附加制动器，如图2-2-1所示。

　　驱动装置主要是牵引链条为牵引件，设置在自动扶梯的上端部，称为上机房。其主要组成部分包括驱动主机、制动器和牵引构件等。当驱动装置通电后，制动器松开，驱动主机转动带动链条驱动主轴运行。

　　主驱动轴由主轴体、法兰盘、梯级链轮、主驱动轮、扶手带驱动链轮和主轴承座组成，如图2-2-2所示。

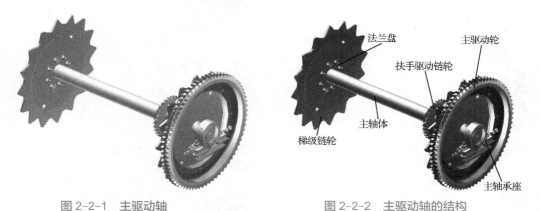

图2-2-1　主驱动轴　　　　　　　　图2-2-2　主驱动轴的结构

　　（1）主驱动轴

　　主驱动轴采用优质钢材制造，在工作中承受很大的转矩和弯曲力，一般为实心轴。

　　（2）法兰盘

　　法兰盘一般安装在主轴两侧，主要用来安装梯级链轮。

　　（3）梯级链轮

　　梯级链轮通过螺栓固定在法兰盘上，安装时必须采用双侧安装方式，同步驱动桁架两侧的阶梯链。

　　（4）主驱动轮

　　主驱动轮用高强度螺栓安装在梯级链轮上，主要用来传递驱动主机的动力。

（5）扶手带驱动链轮

扶手带驱动链轮通过高强度的螺栓安装在梯级链轮上。主轴结构不同，扶手带驱动链轮安装位置也有区别，有的安装在主轴体的中间位置，也有的安装在主轴体的两个端部。

（6）主轴承座

主轴承座安装在主轴体的两个端部，主要承受主轴旋转的载荷。

二、自动扶梯主驱动轴维护保养所需工具及劳保用品

自动扶梯主驱动轴维护保养需要的相关工具及劳保用品一览表，如表 2-2-1 和表 2-2-2 所示。

表 2-2-1　自动扶梯主驱动轴维护保养需要的相关工具一览表

工具	名称	作用	工具	名称	作用
	呆扳手	安装、拆卸		万用表	电路检测
	梅花扳手	安装、拆卸		钳形表	测量交流电流
	T形扳手	安装、拆卸		卡簧钳	取出及放置卡簧
	内六角扳手	安装、拆卸		塞尺	测量间隙
	螺丝刀	安装、拆卸		楔形塞尺	测量间隙
	胶锤	修正部件		钢卷尺	测量长、宽度
	线锤	测量垂直度		钢直尺	测量尺寸
	水平尺	测量水平度		手持式测速仪	测量速度

表 2-2-2　自动扶梯主驱动轴维护保养需要劳保用品一览表

工具	名称	作用	工具	名称	作用
	安全帽	保护头部安全		工作服	身体防护
	防滑电工鞋	保护脚部安全		护目镜	保护眼睛
	防护栏	保护乘客及维修人员安全		安全绳	高空防坠落
	手持式测速仪	测量速度		手套	保护手

任务实施

一、主驱动轴装置维护与保养前的准备工作

① 检查是否做好了自动扶梯发生故障的警示及相关安全措施。

② 按规范做好维保人员的安全保护措施。

③ 准备相应的维保工具。

二、主驱动轴装置的维护与保养

① 自动扶梯主电源置于 ON 位置，运行自动扶梯，如图 2-2-3 所示。

② 检查主驱动轴运行是否有噪声。如果运行时有噪声，查明噪声原因并排除，如图 2-2-4 所示。

图 2-2-3　主电源置于 ON 位置

图 2-2-4　检查主驱动轴运行噪声

③ 自动扶梯主电源置于 OFF 位置。检查梯级链轮和双排链轮齿面是否有非正常的严重磨损痕迹，如有时，应判别情况加以修整，以防继续磨损链条，如图 2-2-5 和图 2-2-6 所示。

图 2-2-5　主电源置于 OFF 位置

图 2-2-6　检查梯级链轮和双排链轮齿面

④ 检查链轮连接螺栓和支承座上的螺栓有无松动。如有松动，加以紧固，如图 2-2-7 所示。
⑤ 通过油嘴对轴承加润滑脂，填充量在轴承内腔的 2/3 为宜，如图 2-2-8 所示。

图 2-2-7　检查链轮连接螺栓

图 2-2-8　对轴承加润滑脂

> ⚠ 注意：
> 油脂牌号：钙基润滑脂；润滑周期：6个月。

任务评价

任务完成后，由指导教师对本任务完成情况进行评价考核，评价考核表如表 2-2-3 所示。

表 2-2-3　驱动系统维护与保养实操评价考核表（100 分）

序号	内容	配分	考核评分标准	扣分	得分
1	安全意识	10	1. 不按要求穿着工作服、戴安全帽、穿防滑电工鞋（扣 2 分）； 2. 在自动扶梯出入口没有放置安全围栏（扣 2 分）； 3. 违反安全要求，进行带电作业（扣 2 分）； 4. 不按安全要求规范使用工具（扣 2 分）； 5. 其他违反安全操作规范的行为（扣 2 分）		
2	主驱动轴运行	20	1. 检查主驱动轴运行是否有噪声方法不正确（扣 6 分）； 2. 发现噪声后无法查找原因（扣 4 分）； 3. 噪声无法排除（扣 10 分）		

续表

序号	内容	配分	考核评分标准	扣分	得分
3	梯级链轮和双排链轮齿面	20	1. 检查梯级链轮和双排链轮齿面方法不正确（扣10分）； 2. 发现链轮齿面有磨损但不会修正或更换（扣10分）		
4	链轮连接螺栓和支承座上的螺栓	20	1. 检查链轮连接螺栓和支承座上的螺栓方法不正确（扣4分）； 2. 不会对链轮连接螺栓进行紧固（扣8分）； 3. 不会对支承座上的螺栓进行紧固（扣8分）		
5	轴承加润滑脂	20	1. 油脂牌号选用不正确（扣20分）； 2. 对轴承加润滑脂方法不正确（扣10分）		
6	职业规范和环境保护	10	1. 在工作过程中工具和器材摆放凌乱（扣2分）； 2. 不爱护设备、工具，不节省材料（扣2分）； 3. 在工作完成后不清理现场，在工作中产生的废弃物不按规定处置，扣2分（若将废弃物遗弃在场地的扣10分）		
	综合评价				

习题

一、选择题

1. 附加制动器安装在（　　）上。

　　A. 驱动主机　　　　　　　B. 张紧装置　　　　　　　C. 驱动主轴

2. 梯级链轮通过螺栓固定在法兰盘上，安装时必须采用（　　）安装方式。

　　A. 单侧　　　　　　　　　B. 双侧　　　　　　　　　C. 单侧或双侧

3. 主驱动轴安装在自动扶梯的上端部，轴上有主驱动轮、梯级链轮、（　　）和附加制动器。

　　A. 扶手驱动链轮　　　　　B. 张紧装置　　　　　　　C. 附加制动器

二、判断题

1. 驱动主机分为立式和卧式两种。　　　　　　　　　　　　　　　　　（　　）

2. 自动扶梯的驱动主机放在下端是一种较好的方案。　　　　　　　　　（　　）

3. 自动扶梯的电动机输出允许用链条、传动带和三角皮带。　　　　　　（　　）

4. 主驱动轴一般采用空心轴。　　　　　　　　　　　　　　　　　　　（　　）

5. 对轴承加润滑脂，填充量在轴承内腔的1/2为宜。　　　　　　　　　（　　）

6. 工作制动器与紧急制动器是不允许同步动作的。　　　　　　　　　　（　　）

7. 主轴承座安装在主轴体的两个端部。　　　　　　　　　　　　　　　（　　）

项目三
自动扶梯梯级系统各装置的维护与保养

 **项目概述**

　　要对自动扶梯进行常规保养、诊断与排除电气与机械故障，操作者必须掌握自动扶梯的安全规范操作的步骤及方法，才能确保人身及设备的安全。一旦发生机械或电气故障等紧急事件，维修保养人员就会按照安全的步骤进行操作。

　　本项目根据自动扶梯维修与保养的基本操作这一要求，设计了 3 个工作任务，通过完成这 3 个工作任务，使学习者掌握基本安全规范操作，学会自动扶梯梯级系统各装置的保养和定期检查，学会按照正确步骤程序进行检查保养及调整，并能树立牢固的安全意识与规范操作的良好习惯。

项目目标

知识目标

1. 熟悉自动扶梯维护保养安全操作的步骤和注意事项。

2. 掌握梯级、梯级链、梳齿板的结构及特点。

3. 掌握梯级、梯级链、梳齿板的维护保养要求与方法。

能力目标

1. 会检查维护保养梯级、梯级链、梳齿板。

2. 会填写《维护保养单》；能对每台自动扶梯或自动人行道设立维护保养档案，并记录维护内容、调整原因和情况。

素质目标

1. 工作认真、负责，严格执行维修工艺规程和安全规程，发现隐患立即处理。

2. 应对所维护保养的自动扶梯和自动人行道制订正确可行的维修计划并予以实施。

3. 维修人员应遵循有关的安全法规和标准，能以必要、正确的操作来保证自动扶梯和自动人行道的正常安全运行。

4. 培养学生良好的安全意识和职业素养。

任务一　自动扶梯梯级的维护与保养

任务描述

根据自动扶梯维护保养流程，对自动扶梯梯级、梯级轮的检查、更换及调整，梯级缺失开关、梯级下陷开关的检查及调整。通过完成此任务，掌握梯级的结构特点及作用，按照维护保养流程对梯级进行维护保养，能诊断与排除梯级在运行过程中的安全隐患。

任务准备

一、梯级系统

梯级系统是自动扶梯的工作部分，如图3-1-1所示，由梯级、驱动主机、梯级链、主驱动轴、梯级链张紧装置等组成。从图3-1-1中可以了解自动扶梯的工作原理：驱动主机是自动扶梯的动力源，它通过主驱动链向主驱动轴传递动力；梯级链由主驱动轴驱动，带动梯级做向上或向下的运动；安装在下部的梯级链张紧装置起到张紧梯级链的作用。

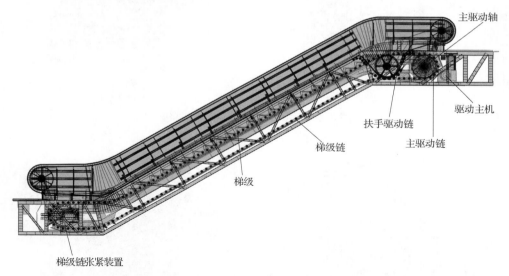

图3-1-1　自动扶梯梯级与梯级系统

梯级的基本结构，梯级作为扶梯上直接运输乘客的承载部件，由梯级踏板、踢板、支撑架、梯级滚轮和梯级链连接件等组成，其基本结构如图3-1-2所示。这几个部分做成一体时（除梯级滚轮），称整体型梯级；以零部件加以组合时，称为组合型梯级，如图3-1-3所示。

梯级支架（见图3-1-4）是梯级的主要支撑结构，由两侧支架和以板材或角钢构成的横向连接件组成。支架一般采用压铸件，下面有装主轮、辅轮心轴的轴套。整体式梯级的支架踏板与踢板（见图3-1-5）等均为整体压铸而成。

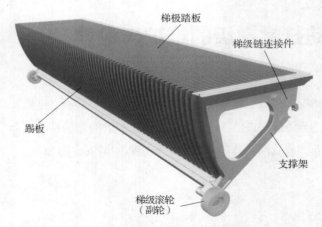

图 3-1-2　自动扶梯梯级的基本结构

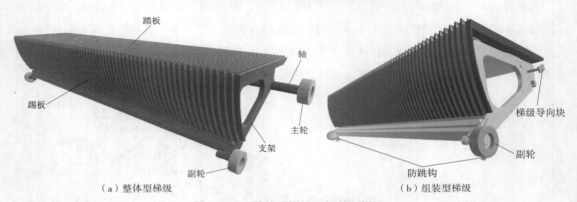

（a）整体型梯级　　　　　　　　　　　（b）组装型梯级

图 3-1-3　整体型梯级和组装型梯级

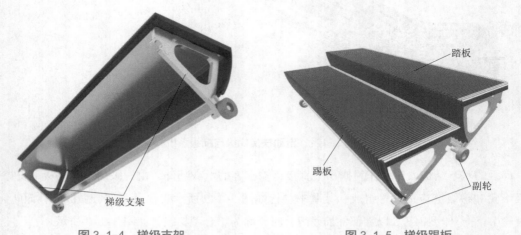

图 3-1-4　梯级支架　　　　　　　　　图 3-1-5　梯级踢板

　　每只梯级都有两只主轮和两只辅轮，如图 3-1-6 所示。两只主轮铰接于牵引链条上，两只辅轮直接安装在梯级支架上，自动扶梯主轮和辅轮的特点是工作转速不高，一般在 80 ～ 140 r/min 的范围内，但工作载荷大（可达 8 000 N 或更大），且外形尺寸受到扶梯结构的限制（直径为 70~180 mm）。

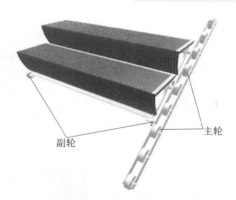

副轮　　　　　　　　　　　　主轮

图 3-1-6　梯级主轮和副轮

二、自动扶梯梯级维护保养所需工具

自动扶梯梯级维护保养需要的相关工具及劳保用品一览表，如表 3-1-1 和表 3-1-2 所示。

表 3-1-1　自动扶梯梯级维护保养所需工具一览表

工具	名称	作用	工具	名称	作用
	呆扳手	安装、拆卸		万用表	电路检测
	梅花扳手	安装、拆卸		钳形表	测量交流电流
	T 形扳手	安装、拆卸		卡簧钳	取出及放置卡簧
	内六角扳手	安装、拆卸		塞尺	测量间隙
	螺丝刀	安装、拆卸		楔形塞尺	测量间隙
	胶锤	修正部件		钢卷尺	测量长、宽度

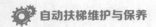

续表

工具	名称	作用	工具	名称	作用
	线锤	测量垂直度		钢直尺	测量尺寸
	水平尺	测量水平度		手持式测速仪	测量速度

表 3-1-2　自动扶梯梯级维护保养所需劳保用品一览表

工具	名称	作用	工具	名称	作用
	安全帽	保护头部安全		工作服	身体防护
	防滑电工鞋	保护脚部安全		护目镜	保护眼睛
	防护栏	保护乘客及维修人员安全		安全绳	高空防坠落
	手持式测速仪	测量速度		手套	保护手

任务实施

一、自动扶梯梯级的维护与保养前的准备工作

① 检查是否做好了自动扶梯发生故障的警示及相关安全措施。

② 按规范做好维保人员的安全保护措施。

③ 准备相应的维保工具。

二、 自动扶梯梯级拆装及维护

1. 自动扶梯梯级的拆卸

①在自动扶梯的出入口放置安全围栏，如图 3-1-7 所示。

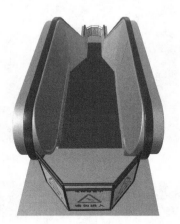 

图 3-1-7 拆卸时在自动扶梯的出入口放置安全围栏

② 打开扶梯下部出入口盖板，关闭下部机房电源开关，安装连接检修操作器插头，按下检修操作器急停按钮，如图 3-1-8 ~ 图 3-1-11 所示。

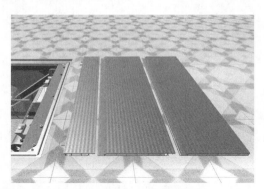 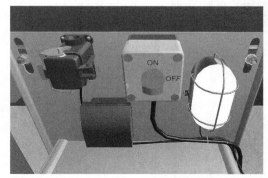

图 3-1-8 拆卸下部出入口盖板　　　　图 3-1-9 关闭下部机房电源开关

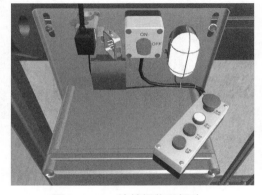 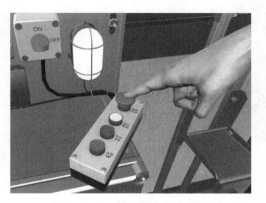

图 3-1-10 连接操作器插头　　　　图 3-1-11 按下操作器急停开关

③拆除梯级挡板，打开下部机房电源开关，将扶梯检修操作器急停按钮复位，检修运行扶梯，使扶梯梯级轴运行到易于操作的位置，如图 3-1-12 ～图 3-1-15 所示。

图 3-1-12　拆除梯级挡板

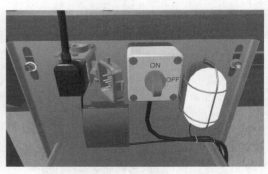

图 3-1-13　恢复电源开关

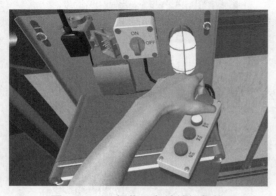

图 3-1-14　操作器急停按钮复位

图 3-1-15　将梯级轴运行到易于操作的位置

④按下检修操作器急停按钮，关闭下部机房电源开关，使用内六角扳手将梯级轴套紧固环螺栓拧松，将紧固环移开，将轴套从梯级爪中取出，如图 3-1-16 ～图 3-1-19 所示。用同样的方法拆除另一侧轴套。

图 3-1-16　再按下操作器急停按钮

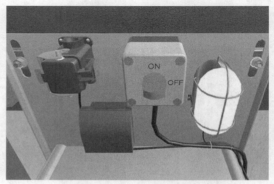

图 3-1-17　断开电源开关

图 3-1-18　松开紧固环螺栓

图 3-1-19　将轴套从梯级爪中取出

⑤ 打开下机房电源开关，复位检修操作器上的急停按钮，检修上行少许距离，使梯级轮接近下端站，转向导轨开口，将梯级从梯级轴上拆下，存放于安全位置，如图 3-1-20 ～图 3-1-25 所示。

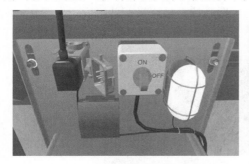

图 3-1-20　打开下机房电源开关

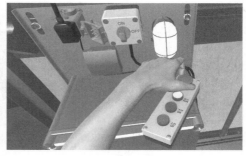

图 3-1-21　复位操作器急停按钮

图 3-1-22　检修运行少许距离

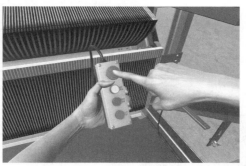

图 3-1-23　按下操作器急停按钮

图 3-1-24　小心拆下梯级

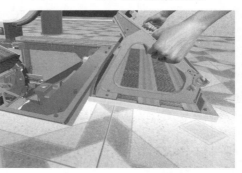

图 3-1-25　安全放置梯级

2. 自动扶梯梯级的安装

① 打开扶梯下机房电源开关，复位检修操作器上的急停按钮，如图 3-1-26 和图 3-1-27 所示。

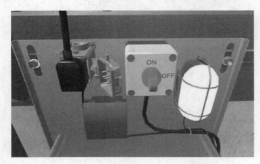 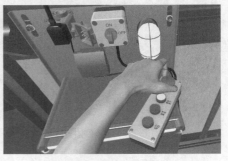

图 3-1-26　打开下机房电源开关　　　　图 3-1-27　将操作器急停按钮复位

② 检修运行，将梯级缺口运行到方便操作的位置，按下检修操作器上的急停按钮，断开下机房电源开关，如图 3-1-28 ~ 图 3-1-30 所示。

图 3-1-28　将梯级缺口运行到方便操作的位置

 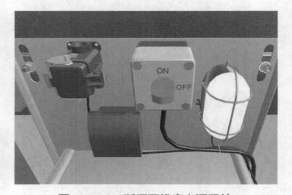

图 3-1-29　按下操作器急停按钮　　　　图 3-1-30　断开下机房电源开关

③ 将梯级轮从下端站转向导轨缺口装入，然后将梯级爪卡到梯级轴上，将梯级轴套卡入梯级爪和梯级轴之间，固定梯级轴套紧固环，如图 3-1-31 ~ 图 3-1-35 所示。

图 3-1-31　将梯级轮从下端站转向导轨缺口装入

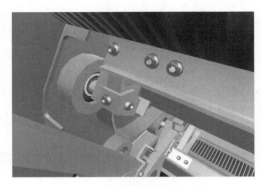

图 3-1-32　梯级轮从导轨缺口装入

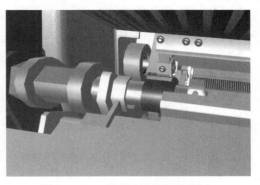

图 3-1-33　梯级爪卡到梯级轴上

图 3-1-34　轴套卡入梯级爪和梯级轴之间

图 3-1-35　紧固两边梯级轴套紧固环

3. 自动扶梯梯级的检查维护

自动扶梯梯级的检查步骤及方法如下：

① 检查梯级轮外圈橡胶是否存在磨损或破损，如图 3-1-36 所示。

② 检查梯级轮的轴承是否运转灵活；梯级钩是否紧固，梯级钩角度是否正常，如图 3-1-37 和图 3-1-38 所示。

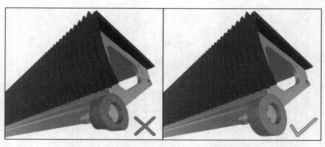

图 3-1-36　检查梯级轮外圈橡胶

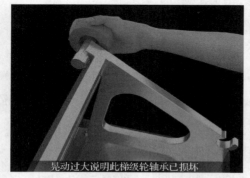

图 3-1-37　检查梯级轮的轴承

图 3-1-38　检查梯级钩

③ 检查梯级导向滑块是否损坏，沟槽是否磨损过度，如果破损或磨损过度，则需要更换导向滑块，如图 3-1-39 和图 3-1-40 所示。

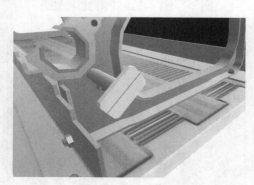

图 3-1-39　检查梯级导向滑块

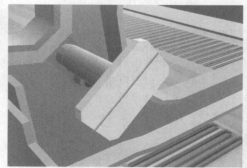

图 3-1-40　检查梯级滑块沟槽

④ 检查梯级外观是否有破损或裂缝，如有则需要更换，如图 3-1-41 所示。

图 3-1-41　检查梯级外观

4. 检查梯级与围裙板的步骤及方法

检查梯级与围裙板的步骤及方法如下：

① 触动急停开关，使扶梯停止，如图 3-1-42 所示。

图 3-1-42 按下自动扶梯急停按钮，检查扶梯是否停止

② 用钢直尺检查扶梯梯级与围裙板间的距离；依据测量结果判断梯级两边与围裙板的距离是否符合标准（单边 < 4 mm 且两边之和 < 7 mm），如图 3-1-43 和图 3-1-44 所示。

图 3-1-43 测量梯级两边与围裙板的距离

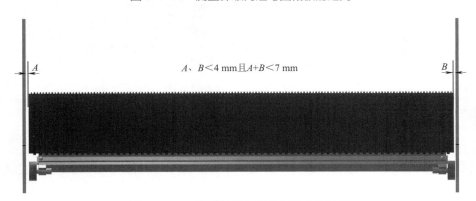

图 3-1-44 梯级两边与围裙板的距离标准

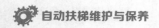

任务完成后，由指导教师对本任务完成情况进行评价考核，评价考核表如表 3-1-3 所示。

表 3-1-3　扶梯急停拆装及检查维护实操评价考核表（100 分）

序号	内容	配分	考核评分标准	扣分	得分
1	安全意识	10	1. 不按要求穿着工作服、戴安全帽、穿防滑电工鞋（扣 2 分）； 2. 在自动扶梯出入口没有放置安全围栏（扣 1 分）； 3. 违反安全要求，进行带电作业（扣 2 分）； 4. 不按安全要求规范使用工具（扣 2 分）； 5. 其他违反安全操作规范的行为（扣 2 分）		
2	梯级拆卸	30	1. 不会连接和使用操作器（扣 1 分）； 2. 不知道梯级的拆卸部位（扣 2 分）； 3. 在拆卸过程中，没按下操作器急停按钮（扣 2 分）； 4. 在拆卸过程中，没断开下机房的电源开关（扣 2 分）； 5. 没有使用合适的工具进行拆卸操作（扣 1 分）； 6. 操作中有工具掉落（扣 1 分 / 次）； 7. 拆卸的梯级没有安全放置（扣 1 分）		
3	梯级安装	30	1. 不会连接和使用操作器（扣 1 分）； 2. 在安装过程中，没按下操作器急停按钮（扣 2 分）； 3. 在安装过程中，没断开下机房的电源开关（扣 2 分）； 4. 选择安装梯级的位置不正确；（扣 1 分） 5. 没有使用合适的工具进行安装操作（扣 1 分）； 6. 操作中有工具掉落（扣 1 分 / 次）； 7. 安装的梯级没有达到标准（扣 1 分）		
4	梯级与围裙板检查	10	1. 不会使用量具进行测量（扣 1 分）； 2. 没按扶梯停止开关测量（扣 2 分）； 3. 检查位置不正确（扣 1 分）； 4. 不清楚梯级与围裙板间的间隙标准（扣 1 分）		
5	梯级检查	10	1. 没有检查梯级轮外圈橡胶是否磨损（扣 1 分）； 2. 没有检查梯级轮轴承是否转动灵活（扣 1 分）； 3. 没有检查梯级钩是否紧固，角度是否正常（扣 1 分）； 4. 没有检查梯级导向滑块是否正常，钩槽磨损（扣 1 分）； 5. 没有检查梯级外观（扣 1 分）		
6	职业规范和环境保护	10	1. 在工作过程中工具和器材摆放凌乱（扣 2 分）； 2. 不爱护设备、工具，不节省材料（扣 2 分）； 3. 在工作完成后不清理现场，在工作中产生的废弃物不按规定处置，扣 2 分（若将废弃物遗弃在下机房内的扣 10 分）		
综合评价					

习题

一、选择题

1. 自动扶梯的梯级踏板表面在工作段应是水平的，两个相邻梯级之间的高度误差最大允许为（　　）。

　　　A. 3 mm　　　　　　　B. 4 mm　　　　　　　C. 5 mm　　　　　　　D. 6 mm

2. 自动扶梯梯级、踏板两侧和围裙板的间隙，每侧均不应大于（   ）。

    A. 3 mm   B. 4 mm   C. 5 mm   D. 6 mm

3. 梯级的主轮与辅轮基距，一般为（   ）。

    A. 200 ~ 260 mm   B. 250 ~ 300 mm   C. 310 ~ 350 mm   D. 350 ~ 400 mm

4. 新安装的梯级防偏滑块超出梯级侧面 1.75 mm，若磨损到小于（   ），则应更换新的导向块，以免影响梯级的正常运行。

    A. 1.22 mm   B. 1.23 mm   C. 1.24 mm   D. 1.25 mm

5. 相邻两梯级主轮的间距一般为（   ）。

    A. 300 ~ 400 mm   B. 400 ~ 500 mm

    C. 440 ~ 500 mm   D. 400 ~ 550 mm

二、判断题

1. 检查梯级和梳齿板的啮合中心是否吻合，一般通过观察梯级通过防偏导向块时是否有明显的冲撞进行判断。   （   ）

2. 梯级防滑槽深度为 10 mm，槽宽 5 ~ 7 mm，槽齿顶宽 2.5 ~ 5 mm。   （   ）

3. 安装在梯级两端支架外侧的防偏滑块与裙板之间有不大于 0.5 mm 的间隙，保证了梯级沿梯级轴横向游动量不大于 1 mm，从而也保证了梯级与裙板之间的单侧间隙不大于 4 mm，两侧对称位置间隙之和不大于 7 mm。   （   ）

4. 如果导向块的磨损量达到最大值 1.2 mm，则必须更换。   （   ）

5. 梯级的宽度（自动扶梯的名义宽度）不应小于 0.58 m 且不超过 1.1 m，一般有 600 mm、800 mm、1 000 mm 三种。   （   ）

任务二　自动扶梯前沿板、梳齿板的检查与维护

任务描述

根据自动扶梯维护保养流程，对自动扶梯前沿板（又称楼层板）、梳齿板的检查、更换及调整。通过完成此任务，掌握自动扶梯楼层板、梳齿板的结构特点及作用，按照维护保养流程对楼层板、梳齿板进行维护保养，能够诊断与排除楼层板、梳齿板在运行过程中的安全隐患。

任务准备

一、前沿板的基本结构

前沿板既是扶梯乘客的出入口，也是上平台、下平台维修间的盖板，前沿板由地板（含面板）、梳齿支撑板（含面板）和楼层板边框组成，如图 3-2-1 所示。前沿板除了供人站立和通过、保障安全之外，还具有装饰作用。此外，也有一些人性化的设计，如有独特的导乘指示设计可指引乘客更安全地乘梯等。

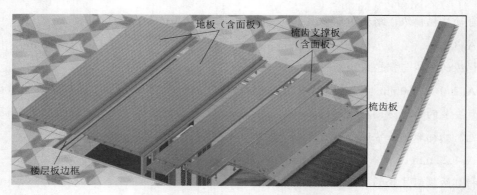

图 3-2-1　自动扶梯前沿板结构图

地板一般是多块拼装的，每块地板的质量应适合维修人员的人力搬动。同时，每块地板之间通常为相扣结构，以加强地板的整体刚度，并能阻止沙土从地板面漏入机房。通用的地板结构主要有两种：钣金成形结构和铝合金型材结构。

前沿板边框固定在桁架上，用于承载楼层板地板，因此边框也需要有一定的强度。同时，为了方便调整地板平面与安装部位地面的平整度，边框通常设计成高度可调结构，其调整方式主要有垫片调整和螺栓调整两种，如图 3-2-2 所示。

图 3-2-2　自动扶梯前沿板

二、梳齿板的基本结构

在扶梯出入口装设梳齿和梳齿板，以确保乘客安全通过。梳齿上的齿槽应与梯级上的齿槽啮合，即使乘客的鞋和物品在梯级上相对静止，也会平滑地过渡到楼层板上。一旦有物品阻碍了梯级的运行，梳齿被抬起或位移，可使扶梯停止运行。梳齿可采用铝合金铸件或工程塑料注塑件。梳齿板的正面和反面、梳齿支撑板，如图 3-2-3 和图 3-2-4 所示。

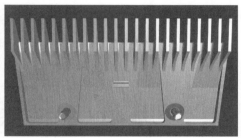

图 3-2-3　梳齿板的正面和反面

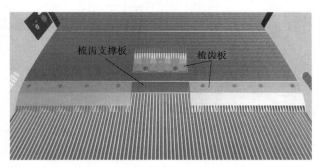

图 3-2-4　梳齿板及梳齿支撑板

　　当梯级或踏板走偏或者有异物卡入梳齿板时，为了保护梯级或踏板及安全性，梳齿支撑板需具有一定的移位空间，并能通过梳齿板安全开关使扶梯停止，因此梳齿板通常具有向上和向后两个方向的自由度，如图 3-2-5 所示。

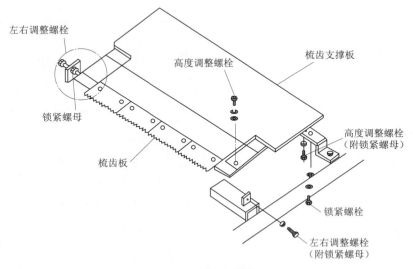

图 3-2-5　梳齿支撑板及其周围的部件

　　图 3-2-6 所示为梳齿支撑板活动结构示意图。当梯级或踏板运行方向有偏移以及梳齿板有异物卡入时，将触动梳齿板安全开关，使自动扶梯或自动人行道停止运行。图中 F_1、F_2 分别代表梳齿所受的水平方向力和垂直方向力。

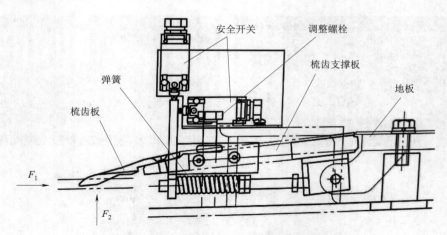

图 3-2-6　梳齿支撑板活动结构示意图

三、前沿板、梳齿板检查维护所需工具

自动扶梯前沿板、梳齿板维护保养需要的相关工具及劳保用品一览表，如表 3-2-1 和表 3-2-2 所示。

表 3-2-1　自动扶梯前沿板、梳齿板维护保养需要的相关工具一览表

工具	名称	作用	工具	名称	作用
	一字、十字螺钉旋具	紧固螺丝		台阶形量规	测量部件间隙
	橡胶锤	调整部件位置		提拉扳手	提起扶梯出入口盖板（前沿板）
	T形六角扳手	拆装前沿板、梳齿板		塞尺	检查间隙
	记号笔	故障位置标记		毛刷	清扫灰尘
	开口扳手	紧固螺丝		抹布	清洁油污

表 3-2-2　自动扶梯前沿板、梳齿板维护保养需要的劳保用品一览表

工具	名称	作用	工具	名称	作用
	安全帽	保护头部安全		工作服	身体防护
	防滑电工鞋	保护脚部安全		护目镜	保护眼睛
	防护栏	保护乘客及维修人员安全		安全绳	高空防坠落
	手持式测速仪	测量速度		手套	保护手

任务实施

一、自动扶梯前沿板、梳齿板的检查与维护前的准备工作

① 检查是否做好了自动扶梯检查维护的安全警示及相关措施。

② 按规范做好维保人员的安全保护措施。

③ 准备相应的维保工具。

二、自动扶梯前沿板的拆装及维护

1. 自动扶梯前沿板、梳齿板的拆装

（1）放置安全围栏并停止扶梯

① 确保自动扶梯上没有乘客后，在自动扶梯的出入口放置安全围栏，如图 3-2-7 所示。

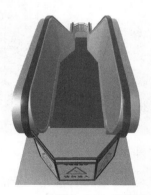

图 3-2-7　在自动扶梯出入口放置安全围栏

② 按下自动扶梯急停按钮，使扶梯停止，如图 3-2-8 和图 3-2-9 所示。

图 3-2-8　按下自动扶梯急停按钮　　　　图 3-2-9　检查扶梯是否停止

（2）前沿板的拆卸和安装

在安装过程中，如需拆卸和安装上下机房处的前沿板，需使用随产品发送的专用设备——提拉扳手［见图 3-10（a），又称 T 形扳手］。

用扳手的"一"字侧拆卸或安装前沿板上的特殊装饰螺钉，如图 3-2-10（b）所示；将扳手螺纹段拧入前沿板上的螺孔，将前沿板提起搬出或放下，如图 3-2-10（c）所示。

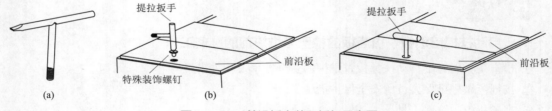

图 3-2-10　前沿板安装和拆卸示意图

① 在前沿板的拆卸实操过程中，先用一字螺丝刀拧出前沿板的固定螺丝，如图 3-2-11 所示。然后再用提拉扳手拉出前沿板，如图 3-2-12 所示。

图 3-2-11　拧出固定螺丝

② 在前沿板的安装实操过程中，与拆卸的顺序相反，用提拉扳手将前沿板放置好（在放置的过程中不能碰坏前沿板的边沿），与楼面平齐。再用一字螺丝刀拧紧前沿板的固定螺丝。

图 3-2-12　拉出前沿板

（3）前沿板拆卸和安装注意事项

① 在拆卸和安装前沿板时，注意保护前沿板边嵌条处的橡胶缓冲罩，不要遗失。如果发现遗失或损坏，及时更换，如图 3-2-13 所示。

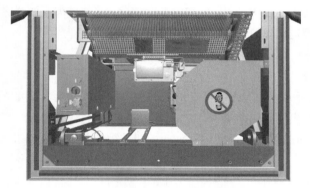

图 3-2-13　前沿板边嵌条处的橡胶缓冲罩

② 在前沿板的安装时，需注意前沿板花纹对齐和前沿板之间的高低齐平。可通过边嵌条的橡胶缓冲罩螺栓调整前沿板高低；在花纹对齐后，调整边嵌条，使边嵌条与前沿板密实贴合，如图 3-2-14 所示。

图 3-2-14　通过橡胶缓冲罩螺栓调整前沿板高度

③ 前沿板安装完成后，注意检查该特殊装饰螺钉是否安装及紧固。一旦发现该装饰螺钉损坏或遗失，请立即修复或补全，以免造成危险。

（4）梳齿板的拆卸和安装

① 在梳齿板的拆卸实操过程中，先用内六角扳手拧出梳齿板的固定螺丝，如图 3-2-15 所示。然后取出梳齿板，如图 3-2-16 所示。

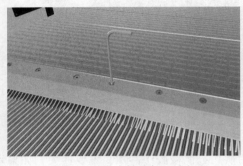

图 3-2-15　拧出梳齿板固定螺丝　　　　图 3-2-16　取出梳齿板

② 在梳齿板的安装实操过程中，与拆卸的顺序相反，将前梳齿板放置好，与两边的梳齿平齐。再用内六角扳手紧固固定螺丝。

2. 自动扶梯前沿板、梳齿板的检查维护

（1）前沿板的检查

① 检查前沿板是否完好，有无明显变形或破损、凹坑或突起，装饰板和底板焊接可靠，没有脱焊问题。如有，应更换整块前沿板。

② 检查前沿板之间的接缝是否摆放平整，相邻盖板和前沿板、前沿板和边框之间的空隙应在 1 mm 以内。

③ 前沿板之间的花纹应尽可能对齐，蚀刻商标应完好。

④ 前沿板上的装饰螺钉是否缺损，如有缺损及时更换。

⑤ 前沿板下方的橡胶缓冲罩应完好，如有缺损应及时补齐。

（2）梳齿板的检查

① 检查梳齿是否完好，有无龟裂、断齿或变形等现象，如有应及时更换，如图 3-2-17 和图 3-2-18 所示。

图 3-2-17　有断齿的梳齿板

图 3-2-18 更换有断齿的梳齿板

② 检查梳齿是否有异物嵌入，如有应及时清理。

③ 检查梳齿的紧固螺钉是否完好，是否有松动。如有缺损应及时补齐后紧固。

（3）检查梯级和梳齿的间隙

① 梳齿与梯级踏板槽的啮合深度 A 为 6 ~ 8 mm，如图 3-2-19（a）所示。梯级踏板槽深度为 11 mm，因此图 3-2-19（a）中 C 尺寸为 3 ~ 5 mm。

② 梳齿槽根部与梯级踏板面间隙 B 不应大于 4 mm，如图 3-2-19（a）所示。

③ 梳齿与梯级踏板槽左右间隙 D 应大于 0.5 mm，如图 3-2-19（b）所示。

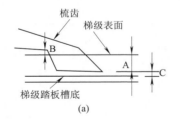
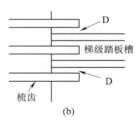

图 3-2-19 梳齿板的检查维护

④ 使用台阶形量规（塞尺）测量梳齿板的梳齿与梯级沟槽底部的间隙，如图 3-2-20 所示。测量值应符合厂家要求（2.5 ~ 4 mm），如图 3-2-21 所示。

图 3-2-20 测量梳齿板的梳齿与梯级沟槽底部的间隙

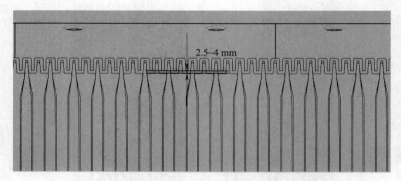

图 3-2-21　梳齿板的梳齿与梯级沟槽底部的间隙

任 务 评 价

任务完成后，由指导教师对本任务完成情况进行评价考核，评价考核表如表 3-2-3 所示。

表 3-2-3　扶梯前沿板、梳齿板拆装及检查维护实操评价考核表（100 分）

序号	内容	配分	考核评分标准	扣分	得分
1	安全意识	10	1. 不按要求穿着工作服、戴安全帽、穿防滑电工鞋（扣 2 分）； 2. 在自动扶梯出入口没有放置安全围栏（扣 1 分）； 3. 违反安全要求，进行带电作业（扣 2 分）； 4. 不按安全要求规范使用工具（扣 2 分）； 5. 其他违反安全操作规范的行为（扣 2 分）		
2	前沿板拆装	20	1. 不知道前沿板的拆卸部位（扣 2 分）； 2. 在拆装过程中，没有按下自动扶梯急停按钮（扣 2 分）； 3. 没有使用合适的工具进行拆装操作（扣 1 分）； 4. 操作中有工具掉落（扣 1 分 / 次）； 5. 拆卸的前沿板没有安全放置（扣 1 分）； 6. 安装的前沿板没有达到标准（扣 2 分）		
3	梳齿板拆装	20	1. 不知道前沿板的拆卸部位（扣 2 分）； 2. 在拆装过程中，没有按下自动扶梯急停按钮（扣 2 分）； 3. 没有使用合适的工具进行拆装操作（扣 1 分）； 4. 操作中有工具掉落（扣 1 分 / 次）； 5. 拆装的梳齿板没有安全放置（扣 1 分）； 6. 安装的梳齿板没有达到标准（扣 2 分）		
4	前沿板检查	20	1. 不会使用测量工具进行测量（扣 1 分）； 2. 没有检查前沿板之间的接缝是否摆放平整，相邻盖板和前沿板、前沿板和边框之间的空隙应在 1 mm 以内（扣 2 分）； 3. 前沿板上的装饰螺钉是否缺损（扣 1 分）； 4. 前沿板下方的橡胶缓冲罩是否缺损（扣 1 分）； 5. 没有检查前沿板与装饰地面是否平齐（扣 1 分）		
5	梳齿板检查	20	1. 不会使用测量工具进行测量相关间隙（扣 1 分）； 2. 没有检查梳齿是否完好，有无龟裂、断齿或变形（扣 2 分）； 3. 没有检查梳齿是否有异物嵌入（扣 1 分）； 4. 没有检查梳齿板的紧固螺钉是否完好，是否松动（扣 1 分）； 5. 没有检查梳齿与梯级踏板槽左右间隙是否大于 0.5 mm（扣 1 分）； 6. 没有检查梳齿槽根部与梯级踏板面间隙，不应大于 4 mm（扣 1 分）		

续表

序号	内容	配分	考核评分标准	扣分	得分
6	职业规范和环境保护	10	1. 在工作过程中工具和器材摆放凌乱（扣2分）； 2. 不爱护设备、工具，不节省材料（扣2分）； 3. 在工作完成后不清理现场，在工作中产生的废弃物不按规定处置， 　　扣2分（若将废弃物遗弃在上、下机坑内的扣10分）		
综合评价					

习题

一、选择题

1. 自动扶梯的梳齿与梯级踏板槽的啮合深度为（　　）。

　　A. 3～5 mm　　　　　B. 6～8 mm　　　　　C. 9 mm　　　　　D. 10 mm

2. 自动扶梯梳齿槽根部与梯级踏板面间隙不应大于（　　）。

　　A. 2 mm　　　　　　B. 3 mm　　　　　　C. 4 mm　　　　　　D. 5 mm

3. 自动扶梯前沿板和边框之间的空隙应在（　　）以内。

　　A. 1 mm　　　　　　B. 2 mm　　　　　　C. 3 mm　　　　　　D. 4 mm

4. 自动扶梯梳齿与梯级踏板槽左右间隙应大于（　　）

　　A. 0.2 mm　　　　　B. 0.3 mm　　　　　C. 0.4 mm　　　　　D. 0.5 mm

5. 相邻两梯级主轮的间距一般为（　　）

　　A. 300～400 mm　　B. 400～500 mm　　C. 440~500 mm　　D. 400~550 mm

二、判断题

1. 前沿板应保持水平，且其与梯级踏板的高度差不大于80 m。　　　　　　　　（　　）

2. 在梳齿板踏面位置测量梳齿的宽度应不小于2.5 mm。　　　　　　　　　　　（　　）

3. 梳齿端部的圆角半径不应大于2 mm。　　　　　　　　　　　　　　　　　　（　　）

4. 梳齿板的水平倾角不大于10°。　　　　　　　　　　　　　　　　　　　　　（　　）

5. 梳齿与梯级齿槽的啮合深度不小于6 mm。　　　　　　　　　　　　　　　　（　　）

6. 梳齿齿根与梯级踏板的垂直距离不大于4 mm。　　　　　　　　　　　　　　（　　）

7. 梳齿与梯级齿槽不发生摩擦碰撞现象。　　　　　　　　　　　　　　　　　　（　　）

任务三　自动扶梯梯级链及张紧装置的维护与保养

任务描述

　　根据自动扶梯维护保养流程，对自动扶梯梯级链进行检查、调整和润滑，对张紧装置保护开关进行检查及调整。通过完成此任务，掌握梯级链的结构特点及作用，按照维护保养流程对梯级链进行维护保养，能够诊断与排除梯级链在运行过程中的安全隐患。

任务准备

一、梯级链及张紧装置

自动扶梯的牵引构件是传递牵引力的构件。自动扶梯或自动人行道的牵引构件有牵引链条与牵引齿条两种。一台自动扶梯或自动人行道一般有两根构成闭合环路的牵引链条（又称梯级链或踏板链）或牵引齿条链。使用牵引链条的驱动装置装在上分支上水平直线段的末端，即端部驱动装置。使用牵引齿条链的驱动装置装在倾斜直线段上、下分支的当中，即中间驱动装置。

1. 梯级链的基本结构

梯级链是自动扶梯传递动力的主要部件，其质量的优劣对运行的平稳和噪声有很大影响。随着使用场合的不同，梯级链的构造、材料和加工方法也不同。

图 3-3-1（a）所示为自动扶梯梯级链的基本结构，图 3-3-1（b）所示为梯级主轮可置于牵引链条的两个链片之间，其节距为 133.3 mm；图 3-3-1（a）所示为主轮可置于牵引链条的两个链片内侧，其节距为 64.7 mm、100 mm 两种。主轮不仅作为梯级与梯级链轮的轮齿的啮合部件，也是梯级在导轨上的承载滚动部件。梯级链滚轮的轮箍是用防油脂腐蚀的耐磨塑料浇铸而成的，中间装嵌了一个高质量的滚珠轴承，这种特殊塑料的轮箍既可满足强度要求，又不会发出很大的噪声。每隔两个链销轴就有一个固定梯级轴的销轴，此销轴通过弹簧夹与梯级轴固定。梯级装在梯级轴上并用塑料衬套隔开，而衬套则滑入梯级的轴孔中，便于在维修保养时将其拆除。

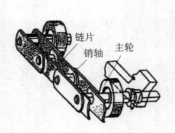
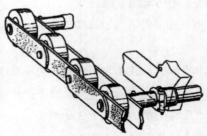

(a)主轮置于牵引链条内侧　　　　(b)主轮置于牵引链条两链片之间

图 3-3-1　梯级链结构示意图

2. 张紧装置的基本结构

张紧装置的作用是使自动扶梯的曳引链条获得恒定的张力，以补偿在运转过程中曳引链条的伸长。张紧装置一般由张紧轴、压簧、碰块、行程开关等组成，图 3-3-2 所示为一般采用的压簧张紧装置。这种结构形式的张紧轴两端各装有 V 形滑块，在 V 形滑块的 V 形槽内装有钢球，可定向滑动，借助弹簧力的作用使拖动链条获得足够的张力。这种张紧装置梯级辅轮在转向壁内运行。另一种形式是转向壁与辅轮导轨连接在一起，当拖动链条在张紧轮上滚动时，梯级辅轮在转向壁内运行。当张紧位置发生变化时，转向壁并不随之移动，梯级以它翻转时倾斜角度的不同来适应位移的要求，从而达到张紧的目的。

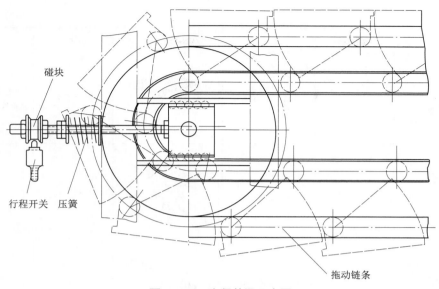

图 3-3-2　张紧装置示意图

（图中标注：碰块、行程开关、压簧、拖动链条）

3. 张紧轮维护保养要求

按照 TSG T5002—2017《电梯维护保养规则》，附件 D 自动扶梯和自动人行道日常维护保养项目（内容）和要求，张紧轮维护保养要求如表 3-3-1 所示。

表 3-3-1　张紧轮维护保养要求

序号	项目	保养内容	时间
1	梯级链张紧开关	位置正确，动作正常	半月维保项目
2	梯级链张紧装置	工作正常	季度维保项目
3	梯级链润滑	运行工况正常	季度维保项目
4	电气安全装置	动作可靠	年度维保项目
5	设备运行状况	正常，梯级运行平稳，无异常抖动，无异常声响	年度维保项目

二、梯级链和张紧装置维护保养所需工具

自动扶梯梯级链和张紧装置维护保养需要的相关工具及劳保用品一览表，如表 3-3-2 和表 3-3-3 所示。

表 3-3-2　自动扶梯梯级链和张紧装置维护保养需要的相关工具一览表

工具	名称	作用	工具	名称	作用
	一字、十字螺钉旋具	紧固螺丝		台阶形量规	测量部件间隙

工具	名称	作用	工具	名称	作用
	橡胶锤	调整部件位置		提拉扳手	提起扶梯出入口盖板（前沿板）
	T形六角扳手	拆装前沿板、梳齿板		塞尺	检查间隙
	记号笔	故障位置标记		毛刷	清扫灰尘
	开口扳手	紧固螺丝		抹布	清洁油污

表 3-3-3　自动扶梯梯级链和张紧装置维护保养需要的劳保用品一览表

工具	名称	作用	工具	名称	作用
	安全帽	保护头部安全		工作服	身体防护
	防滑电工鞋	保护脚部安全		护目镜	保护眼睛
	防护栏	保护乘客及维修人员安全		安全绳	高空防坠落
	手持式测速仪	测量速度		手套	保护手

任务实施

一、自动扶梯梯级链及张紧装置的维护与保养前的准备工作

① 检查是否做好了自动扶梯发生故障的警示及相关安全措施。

② 按规范做好维保人员的安全保护措施。

③ 准备相应的维保工具。

二、 自动扶梯梯级链及张紧装置的维保

1. 自动扶梯梯级链的维保

① 在自动扶梯的出入口放置安全围栏，如图 3-3-3 所示。

图 3-3-3 在出入口放置安全围栏

② 打开扶梯下部出入口盖板，关闭下部机房电源开关，安装连接检修操作器插头，按下检修操作器急停按钮，如图 3-3-4 ～图 3-3-7 所示。

图 3-3-4 拆卸下部出入口盖板

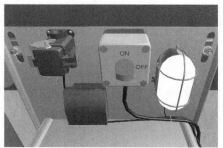

图 3-3-5 关闭下部机房电源开关

图 3-3-6 连接操作器插头

图 3-3-7 按下操作器急停按钮

69

③ 拆除梯级挡板，打开下部机房电源开关，将扶梯检修操作器急停按钮复位，检修运行扶梯，如图 3-3-8 ~ 图 3-3-11 所示。

图 3-3-8　拆卸梯级挡板

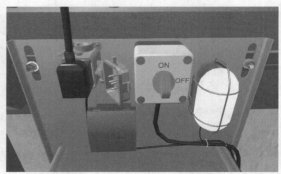

图 3-3-9　恢复电源开关

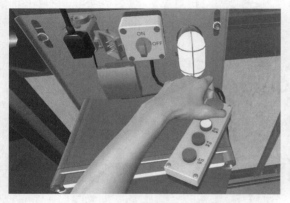

图 3-3-10　复位操作器急停按钮

图 3-3-11　检修运行，检查梯级链

在检修过程中，认真观察设备运行情况：设备是否正常，梯级运行是否平稳，有无异常抖动，有无异常声响。

④ 检查梯级链。在检修运行过程中，检查如下项目，如图 3-3-12 所示。

➢ 梯级链润滑情况。检查梯级链是否充分润滑，是否有生锈等情况。

➢ 梯级链清洁情况。检查梯级链表面的整洁度，将粘在梯级链上的垃圾清除。

> ⓘ 注意：
> 　严禁使用柴油、汽油等化学溶剂清洁梯级链、主轮和副轮。

⑤ 按下检修操作器急停按钮，断开电源开关，如图 3-3-13 和图 3-3-14 所示，检查梯级链伸长情况。

图 3-3-12　检查梯级链

图 3-3-13　按下操作器急停按钮

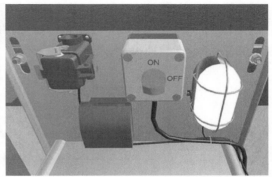

图 3-3-14　断开电源开关

a. 以上海三菱的梯级链（K 型）为例：

测量水平段梯级踢板与黄色安全界限嵌条前后方向间隙，如图 3-3-15（a）所示；分别测量梳齿板左右与梯级的距离 S_1 和 S_2，$|S_1-S_2| \leqslant 1.0$ mm，如图 3-3-15（b）所示。

当梯级链拉伸过长或左右拉伸超出规定要求时，应通过 K 型扶梯下部总成小车和梯级链张紧弹簧进行调节，如图 3-3-15（c）所示。

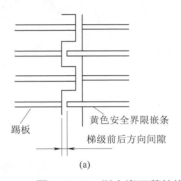

(a)

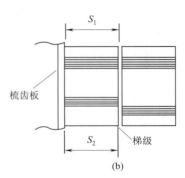

(b)

图 3-3-15　以上海三菱的梯级链（K 型）为例检查梯级链伸长情况

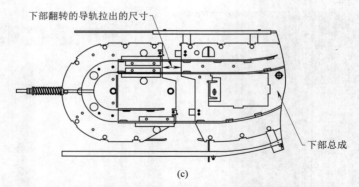

下部翻转的导轨拉出的尺寸

下部总成

图 3-3-15 以上海三菱的梯级链（K 型）为例检查梯级链伸长情况（续）

b. 以三菱的梯级链（J、C、HE 型）为例：

在梯级链张紧弹簧调整到位的情况下，检查在水平段梯级踢板与黄色安全界限嵌条前后方向间隙，如图 3-3-16（a）所示，如果大于 6 mm，必须更换梯级链。

检查梳齿板与梯级的平行度，分别测量上部和下部梳齿板左右与梯级的距离 S_1 和 S_2，$|S_1-S_2|$ 应小于 1 mm，如图 3-3-16（b）所示。如大于 1 mm，同时结合 J 尺寸检查情况（仅 J、HE 型），判断是否梯级链单边伸长。根据情况进行调整，如梯级链单边伸长严重需更换梯级链。

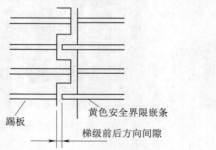

踢板　黄色安全界限嵌条　梯级前后方向间隙

梳齿板　S_1　S_2　梯级

（a）检查梯级踢板与黄色安全界限嵌条前后方向间隙　　　（b）检查梳齿板与梯级的平行度

图 3-3-16 以三菱的梯级链（J、C、HE 型）为例检查梯级链伸长情况

2. 张紧装置保护开关的检查

① 人工下压行程开关，分辨是否能听到开关的喀嚓声。

② 按图 3-3-17 所示检查行程开关相对于限位开关板的位置。

③ 将一螺丝刀放在行程开关和限位开关板之间，并下压行程开关。

④ 检修运行，试验。

➤ 试着检修及自动双向运行自动扶梯。

➤ 自动扶梯不得起动。

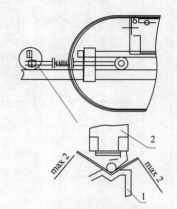

图 3-3-17 张紧装置保护开关的检查

1—限位开关板；2—行程开关

任务评价

任务完成后，由指导教师对本任务完成情况进行评价考核，评价考核表如表 3-3-4 所示。

表 3-3-4 梯级链及张紧装置维护实操评价考核表（100 分）

序号	内容	配分	考核评分标准	扣分	得分
1	安全意识	10	1. 不按要求穿着工作服、戴安全帽、穿防滑电工鞋（扣 2 分）； 2. 在自动扶梯出入口没有放置安全围栏（扣 1 分）； 3. 违反安全要求，进行带电作业（扣 2 分）； 4. 不按安全要求规范使用工具（扣 2 分）； 5. 其他违反安全操作规范的行为（扣 2 分）		
2	梯级链检查与调整	40	1. 不会连接和使用操作器（扣 4 分）； 2. 不知道梯级链的维保要求（扣 6 分）； 3. 不懂得清洁梯级链（扣 8 分）； 4. 在测量过程中，没按下操作器急停按钮和断开电源（扣 10 分）； 5. 没有使用合适的工具进行操作（扣 6 分）； 6. 操作中有工具掉落，摆放不整齐（扣 6 分）		
3	张紧装置开关的检查	40	1. 不会连接和使用操作器（扣 4 分）； 2. 在检查行程开关过程中，没按下操作器急停按钮（扣 10 分）； 3. 不懂得检修运行，做好应答工作（扣 6 分）； 4. 不懂得验证张紧装置开关（扣 8 分）； 5. 没有使用合适的工具进行安装操作（扣 6 分）； 6. 操作中有工具掉落，摆放不整齐（扣 6 分）		
4	职业规范和环境保护	10	1. 在工作过程中工具和器材摆放凌乱（扣 2 分）； 2. 不爱护设备、工具，不节省材料（扣 2 分）； 3. 在工作完成后不清理现场，在工作中产生的废弃物不按规定处置，扣 2 分（若将废弃物遗弃在下机房内的扣 10 分）		
综合评价					

习题

一、选择题

1. 自动扶梯的梯级链半月保养的内容是（　　）。

　A. 梯级链张紧开关　　　　B. 梯级链张紧装置　　　　C. 梯级链润滑　　　　D. 制动装置

2. 张紧装置一般包含（　　）。

　A. 行程开关　　　　　　　B. 碰块　　　　　　　　　C. 压簧　　　　　　　D. 张紧轴

3. 张紧装置电气开关动作，会发生以下哪种情况（　　）。

　A. 扶梯继续运行　　　　　　　　　　　B. 扶梯不可以正常运行，但能检修运行

　C. 扶梯不能运行，包括检修　　　　　　D. 扶梯停止运行

二、判断题

1. 梯级链不需要每半月润滑一次。　　　　　　　　　　　　　　　　　　（　　）

2. 梯级链在检查过程中，发现出现断裂等现象，需要进行更换。　　　　　（　　）

3. 张紧装置开关动作，扶梯的安全回路断开，电梯不运行。　　　　　　　（　　）

4. 张紧装置开关是否正常可靠，需要每半月检查一次。　　　　　　　　　（　　）

项目四
自动扶梯扶手驱动装置及其附件的维护与保养

 项目概述

　　自动扶梯的运行由两个最基本的传动组成，即梯级的链条传动和扶手带的带传动。在乘坐扶梯时，人们手扶持的移动带状物即为扶手带。通过电动机传动扶手带驱动扶手带运行。自动扶梯扶手带的驱动原理是利用扶手带和与其接触的转动的滚轮或滚轮组件间的静摩擦力带动扶手带运动。要对自动扶梯扶手带进行常规保养、诊断与排除故障，操作者必须掌握自动扶梯的安全规范操作的步骤及方法，才能确保人身及设备的安全。

　　本项目根据自动扶梯维修与保养的基本操作这一要求，设计了 3 个工作任务，通过完成这 3 个工作任务，使学习者掌握基本安全规范操作，学会自动扶梯扶手带相关装置及其附件的保养和定期检查，学会按照正确步骤进行检查保养及调整，并能树立牢固的安全意识与规范操作的良好习惯。

项目目标

知识目标

1. 熟悉自动扶梯维护保养安全操作的步骤和注意事项。

2. 掌握扶手带相关装置及其附件的结构及特点。

3. 掌握扶手带相关装置及其附件的维护保养要求与方法。

能力目标

1. 会检查维护保养扶手带相关装置及其附件。

2. 会填写《维护保养单》；能对每台自动扶梯或自动人行道设立维护保养档案，并记录维护内容、调整原因和情况。

素质目标

1. 工作认真、负责，严格执行维修工艺规程和安全规程，发现隐患立即处理。

2. 应对所维护保养的自动扶梯和自动人行道制订正确可行的维修计划并予以实施。

3. 维修人员应遵循有关的安全法规和标准，能以必要、正确的操作来保证自动扶梯和自动人行道的正常安全运行。

4. 培养学生良好的安全意识和职业素养。

任务一　自动扶梯扶手带松紧度的检查与保养

任务描述

根据自动扶梯维护保养流程，对自动扶梯扶手带的松紧度（摩擦力）进行检查，检查后还要进行保养调整。通过完成此任务，掌握自动扶梯扶手带的结构特点及作用，按照维护保养流程对扶手带进行维护保养，能诊断与排除扶手带在运行过程中的安全隐患。

任务准备

一、扶手带的背景

随着社会的高速发展，自动扶梯和自动人行道设备成为城市各大商业中心、交通枢纽的必备运载工具，特别是近年来相关的事故频发，经常成为社会关注的焦点。TSG T7005—2012《电梯监督检验和定期检验规则——自动扶梯与自动人行道》中的 10.1 要求："扶手带的运行速度相对于梯级踏板或胶带实际速度的允许偏差为（0 ～ +2%）"，本条款主要是考虑如果扶手带速度滞后梯级或者超过太多，有可能造成乘客跌倒的风险。目前自动扶梯扶手带多采用摩擦轮驱动，随着运行时间增长，设备磨损增大，很难避免打滑，从而造成扶手带速度滞后于梯级。特别是对于一些使用时间较长的扶梯，此现象更加明显，用手抓在扶手带上都能够明显感觉到其运行时快时慢，而扶手带造成意外跌倒的过程是一个速度偏差而形成距离偏差的累积过程。从而导致扶手带的使用寿命短、扶梯的运营成本上升。现有的技术存在着扶手带长时间使用后会出现打滑、速度滞后于梯级、容易使乘客跌倒导致安全性差、结构较为复杂、扶手带使用寿命短和使用成本高等问题。因此，作为一名自动扶梯维保人员需要定期对扶梯扶手带的松紧度进行检查与保养。

二、扶手带的基本结构

自动扶梯扶手带装置是由扶手带、扶手带驱动装置、护壁板、扶手支架和导轨、扶手带张紧装置、围裙板、内盖板、外盖板等组成，扶手装置安装在两台特殊的胶带输送机上，与梯级同步运行，也有流动的美感效果。基本结构如图 4-1-1 所示。

1. 扶手带

扶手带是一种边缘向内弯曲的封闭型橡胶带，它由橡胶层、织物层、钢丝或纤维芯层、抗摩擦层组成。依据扶手带内表面的形状，可将其分为平面形扶手带和 V 形扶手带（见图 4-1-2）。设置扶手带的主要目的是确保乘客的安全。

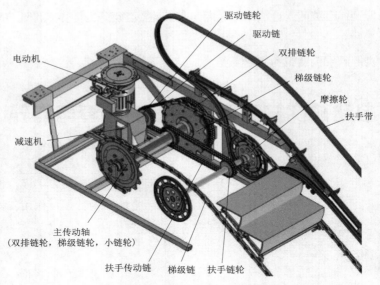

图 4-1-1　扶手带基本结构

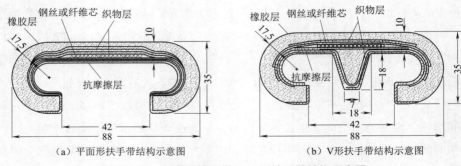

（a）平面形扶手带结构示意图　　　　　　（b）V形扶手带结构示意图

图 4-1-2　平面形扶手带和 V 形扶手带结构示意图

2. 扶手带驱动装置

扶手带驱动装置就是驱动扶手带运行，并保证扶手带运行速度与梯级运行速度偏差不大于 2% 的驱动装置。扶手带驱动装置一般分为摩擦轮驱动、压滚轮驱动和端部轮式驱动三种形式（见图 4-1-3）。

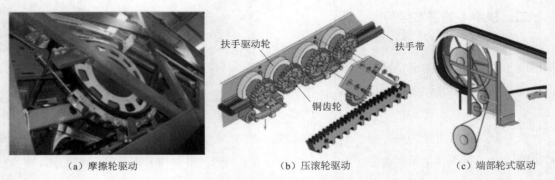

（a）摩擦轮驱动　　　　　　（b）压滚轮驱动　　　　　　（c）端部轮式驱动

图 4-1-3　扶手带驱动装置

（1）摩擦轮驱动

图 4-1-4 和图 4-1-5 所示为一种摩擦轮驱动方式的扶手系统。扶手带围绕若干组导向轮群、进出口的导向滚轮群及特种形式的导轨构成一闭合环路，扶手带与梯路由同一驱动装置驱动，并保证二者的速度基本相同。

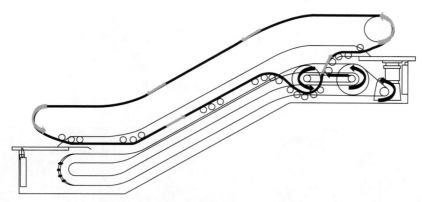

图 4-1-4　摩擦轮驱动示意图

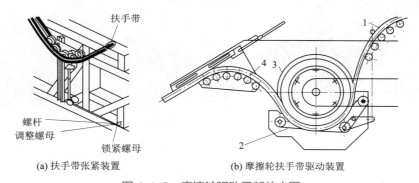

(a) 扶手带张紧装置　　　　　(b) 摩擦轮扶手带驱动装置

图 4-1-5　摩擦轮驱动局部放大图

1—扶手带；2—锲形带；3—扶手带驱动轮；4—滚轮组

（2）压滚轮驱动

压滚轮扶手带驱动装置的作用原理是——扶手带通过一系列相对压紧的轮子的转动获得驱动力，驱动扶手带循环运动，如图 4-1-6 所示。

（3）端部轮式驱动

端部轮式驱动扶手带装置因其结构原因只能用在不锈钢扶手栏板的自动扶梯上。蒂森克虏伯自动扶梯较多使用这种扶手带驱动方式，如图 4-1-7 所示。

3. 扶手带支撑装置及保护板

扶手带支撑栏板按其材料不同可分为：钢化玻璃扶手栏板和不锈钢扶手栏板。图 4-1-8 所示为扶手带支撑装置及保护板。

采用钢化玻璃扶手栏板的自动扶梯乘客可以透过扶手护栏看到自动扶梯对面的景象，开阔了视野，使乘客在心理上感觉似乎增加了建筑物空间，符合大部分人的心理需求。

采用不锈钢制成扶手栏板的自动扶梯，结构强度大，适用于车站、码头、机场等客流量大的场合。

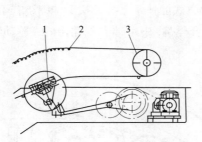

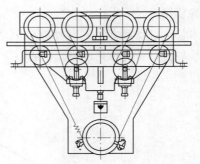

图 4-1-6　压滚轮驱动

1—扶手带驱动装置；2—滚子；3—导向轮

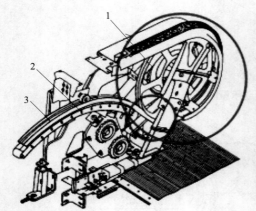

图 4-1-7　端部轮式驱动

1—驱动轮；2—张紧弓；3—扶手带

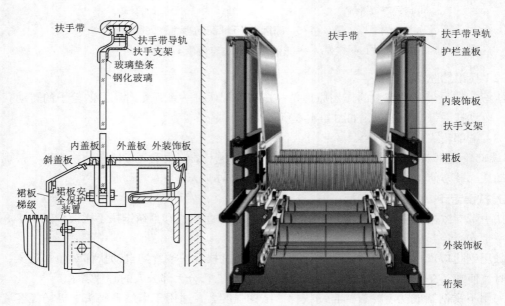

图 4-1-8　扶手带支撑装置及保护板

三、扶手带松紧度维护保养所需工具

自动扶梯扶手带维护保养需要的相关工具及劳保用品一览表，如表 4-1-1 和表 4-1-2 所示。

表 4-1-1 自动扶梯扶手带维护保养需要的相关工具一览表

工具	名称	作用	工具	名称	作用
	提拉扳手	打开机坑盖板		警示围栏	维修过程中防止他人进入
	一字螺钉旋具	紧固螺丝		呆扳手	紧固螺丝
	十字螺钉旋具	紧固螺丝		电工钳	线路维修
	塞尺	间隙测量		尖嘴钳	导线弯卷及剥离导线绝缘层
	钢直尺	测量尺寸		梅花扳手	紧固螺丝

表 4-1-2 自动扶梯扶手带维护保养需要的劳保用品一览表

工具	名称	作用	工具	名称	作用
	安全帽	保护头部安全		工作服	身体防护
	防滑电工鞋	保护脚部安全		护目镜	保护眼睛
	防护栏	保护乘客及维修人员安全		安全绳	高空防坠落
	手持式测速仪	测量速度		手套	保护手

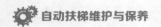

一、自动扶梯扶手带松紧度的检查与保养前的准备工作

① 检查是否做好了自动扶梯发生故障的警示及相关安全措施。

② 按规范做好维保人员的安全保护措施。

③ 准备相应的维保工具。

二、 扶手带松紧度的检查与保养

1. 扶手带松紧度的检查

①在自动扶梯的出入口放置安全围栏，如图 4-1-9 所示。

图 4-1-9　在出入口放置安全围栏

②检查扶梯扶手带松紧度的工作前提为出入口盖板已经打开、关闭下部机房电源开关、检修开关已连接、检修操作器急停按钮已按下，如图 4-1-10 ~ 图 4-1-13 所示。

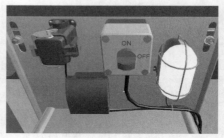

图 4-1-10　拆卸下部出入口盖板　　图 4-1-11　关闭下部机房电源开关

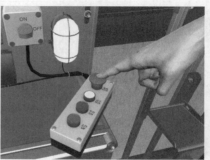

图 4-1-12　连接操作器插头　　图 4-1-13　按下操作器急停按钮

③ 拆除下端弧度的扶手带（扶手带拆装详细要求和操作参考项目四任务二），用手按压下端处已经拆除的扶手带，检查扶手带的状态并判定扶手带松紧度的情况，如图 4-1-14 和图 4-1-15 所示。

图 4-1-14　拆除下端弧度的扶手带

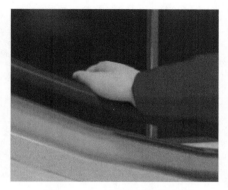

图 4-1-15　用手按压扶手带

④ 扶手带松紧度有如下 3 种情况：

a. 状态为扶手带过松，如图 4-1-16 所示。

b. 状态为扶手带过紧，如图 4-1-17 所示。

c. 状态为扶手带松紧度适中，如图 4-1-18 所示。

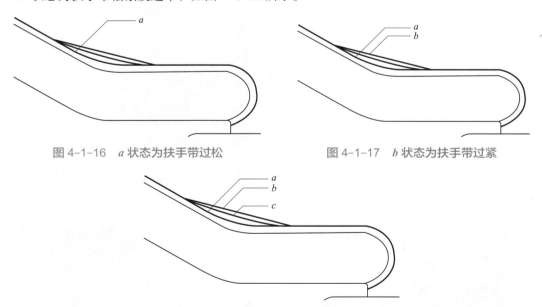

图 4-1-16　*a* 状态为扶手带过松　　　　图 4-1-17　*b* 状态为扶手带过紧

图 4-1-18　*c* 状态为扶手带松紧度适中

2. 扶手带松紧度的调整

① 调整扶梯扶手带松紧度的工作前提为出入口盖板已经打开、关闭下部机房电源开关、检修开关已连接、检修操作器急停按钮已按下和拆卸 5 个连续梯级（梯级拆卸方法参照项目三任务一），如图 4-1-19 ~ 图 4-1-23 所示。

图 4-1-19　拆除下部出入口盖板

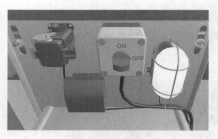

图 4-1-20　关闭下部机房电源开关

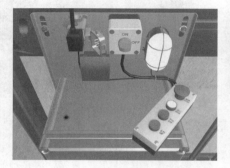

图 4-1-21　连接操作器插头

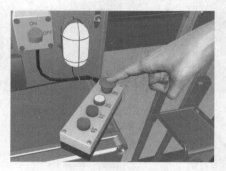

图 4-1-22　按下操作器急停按钮

图 4-1-23　拆卸 5 个连续梯级

② 使用检修操作器检修运行自动扶梯，将梯级缺口移动到扶手带松紧度调整组件附近，并按下检修操作器急停按钮并关闭机房电源，如图 4-1-24 和图 4-1-25 所示。

图 4-1-24　使用检修操作器运行电梯

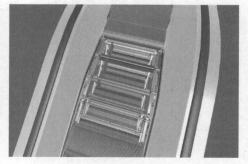

图 4-1-25　将梯级缺口移动到扶手
带松紧度调整组件附近

③ 当扶手带松紧度过松的情况下：使用对应尺寸的呆扳手松开扶手带张紧装置的固定螺母，拧动调整螺母，将张紧装置向摩擦轮方向拉动收紧，然后将张紧装置的固定螺母锁紧，如图 4-1-26 和图 4-1-27 所示。

 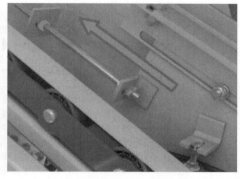

图 4-1-26　松开固定螺母　　　　图 4-1-27　将张紧装置向摩擦轮方向拉动收紧

④ 当扶手带松紧度过紧的情况下：使用对应尺寸的呆扳手松开扶手带张紧装置的固定螺母，拧动调整螺母，将张紧装置向摩擦轮的反方向调整，然后将张紧装置的固定螺母锁紧，如图 4-1-28 和图 4-1-29 所示。

图 4-1-28　将张紧装置向摩擦轮反方向调整　　　　图 4-1-29　收紧固定螺母

任务评价

任务完成后，由指导教师对本任务完成情况进行评价考核，评价考核表如表 4-1-3 所示。

表 4-1-3　扶手带松紧度的检查与保养实操评价考核表（100 分）

序号	内容	配分	考核评分标准	扣分	得分
1	安全意识	20	1. 不按要求穿着工作服、戴安全帽、穿防滑电工鞋（扣 4 分）； 2. 在自动扶梯出入口没有放置安全围栏（扣 4 分）； 3. 违反安全要求，进行带电作业（扣 4 分）； 4. 不按安全要求规范使用工具（扣 4 分）； 5. 其他违反安全操作规范的行为（扣 4 分）		

续表

序号	内容	配分	考核评分标准	扣分	得分
2	松紧度的检查	30	1. 不会连接和使用检修操作器（扣 3 分）； 2. 不知道拆卸扶手带的方法（扣 7 分）； 3. 在操作过程中，没按下操作器急停按钮（扣 4 分）； 4. 在操作过程中，没断开下机房的电压开关（扣 4 分）； 5. 没有使用合适的工具进行拆卸操作（扣 2 分）； 6. 操作中有工具掉落（扣 1 分 / 次）； 7. 不会检查扶手带的松紧度（扣 8 分）		
3	松紧度的调整	30	1. 不会连接和使用检修操作器（扣 3 分）； 2. 在操作过程中，没按下操作器急停按钮（扣 4 分）； 3. 在操作过程中，没断开下机房的电压开关（扣 4 分）； 4. 不会拆卸扶梯梯级（扣 2 分）； 5. 不会查找张紧装置的位置（扣 7 分）； 6. 操作中有工具掉落（扣 1 分 / 次）； 7. 不会调整扶手带的松紧度（扣 8 分）		
4	职业规范和环境保护	20	1. 在工作过程中工具和器材摆放凌乱（扣 5 分）； 2. 不爱护设备、工具，不节省材料（扣 5 分）； 3. 在工作完成后不清理现场，在工作中产生的废弃物不按规定处置，扣 2 分（若将废弃物遗弃在下机房内的扣 10 分）		
综合评价					

 题

一、选择题

1. 扶手带的运行方向应与梯级、踏板或胶带（ ）。

　　A. 相同　　　　　　　　B. 相反　　　　　　　　C. 都可以　　　　　　D. 根据要求设置

2. 为了防止人的手或手指被扶手带带入裙板内造成伤害，设置了（ ）。

　　A. 梳齿板开关　　　　　B. 围裙板开关　　　　　C. 出入口开关　　　　D. 梯级断链保护开关

3. 位于扶手带下方的外装饰板上的盖板称为（ ）。

　　A. 围裙板　　　　　　　B. 内盖板　　　　　　　C. 护壁板　　　　　　D. 外盖板

4. 自动扶梯使用中，人手扶扶手带，出现由于重心向后倾斜而造成跌倒的事故，通常是由（ ）造成的。

　　A. 扶手带速度大于梯级速度 2% 以上　　　　　B. 梯级速度大于额定速度 5%

　　C. 扶手带运行速度滞后于梯级速度　　　　　　D. 梯级速度与扶手带速度同步

5. 扶手带的运行速度相对于梯级、踏板或胶带的速度允许偏差为（ ）%。

　　A. 0 ~ ±2　　　　　　　B. ±2　　　　　　　　C. −1 ~ +2　　　　　　D. 0 ~ +2

二、判断题

1. 保养清洁扶手带时，可以用滑石粉处理扶手带的内侧。　　　　　　　　　　　　　　（ 　　）

2. 扶手带的张紧度是由制造厂设定的，长期使用以后，扶手带如有伸长，应重新调节张紧度。　　　　　　　　　　　　　　　　　　　　　　　　　　　　　　　　　　　　　　（ 　　）

3. 自动扶梯扶手带摩擦轮缘表面为耐油橡胶。能保证所需的摩擦力，使扶手带与梯级同步。 （　）

4. 自动扶梯扶手带的整体松紧度，可通过张紧杆调节。 （　）

5. 自动扶梯扶手带的驱动压辊也需要调节。 （　）

6. 自动扶梯维修完毕后，应仔细清理现场，特别是扶梯的内外。 （　）

7. 相互邻近平行或交错设置的自动扶梯或自动人行道，扶手带之间的距离应不小于 160 mm。

（　）

任务二　自动扶梯扶手带端部滑轮组及导轨的检查与保养

任务描述

根据自动扶梯维护保养流程，对扶手带端部滑轮组及导轨进行检查，检查后还要进行保养调整。通过完成此任务，掌握扶手带端部滑轮组及导轨的结构特点及作用，按照维护保养流程对其进行维护保养，能诊断与排除端部滑轮组及导轨运行过程的安全隐患。

任务准备

一、扶手带端部滑轮组及导轨的基本结构

扶手带端部滑轮组及导轨是扶手带日常运行的重要部件，安装在端部滑轮组件及导轨中运行。扶手带的安装一般从下机头圆弧处开始，按照标记用吸盘将下机头圆弧段玻璃慢慢放入主承座凹槽内，内、外和底面均垫塑料衬板，防止硬接触，将夹紧螺母预固定。扶手带端部滑轮组及导轨结构如图 4-2-1 所示。

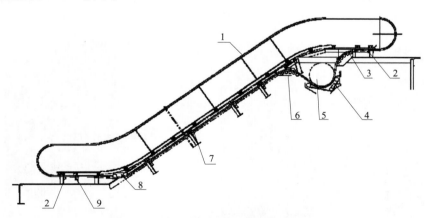

图 4-2-1　扶手带端部滑轮组及导轨结构

1—扶手带；2—头部托辊；3—上滚轮群；4—压带部件；5—扶手驱动轮；6—下滚轮群；
7—倾斜段托辊；8—下拐角滚轮组；9—铜托辊

二、扶手带的拆装

要能够进行扶手带端部滑轮组及导轨的检查与保养工作，首先要懂得正确进行扶手带的拆

卸和安装方法，方能进行作业。

1. 扶手带在扶手带导轨拆卸的方法

工作前提为出入口盖板已经打开、关闭下部机房电源开关、检修开关已连接、检修操作器急停按钮已按下，如图 4-2-2 ~ 图 4-2-5 所示。

图 4-2-2 拆除下部出入口盖板

图 4-2-3 关闭下部机房电源开关

图 4-2-4 连接操作器插头

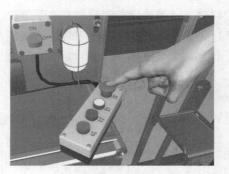

图 4-2-5 按下操作器急停按钮

在扶手带下部弯弧处使用扶手带拆装工具横向插入扶手带与扶手带导轨中间，扳动扶手带拆装工具勾住扶手带，如图 4-2-6 和图 4-2-7 所示。

图 4-2-6 使用扶手带拆装工具

图 4-2-7 使用工具勾住扶手带

向上拉动扶手带拆装工具，使扶手带当前位置脱离导轨，用扶手带拆装工具拆除下端部回转出扶手带，然后一直沿直线段至上端部回转处。使用同样的方法将另外一段的扶手带也拆卸出来，最后将全部扶手带脱离导轨后放置在扶梯上，如图 4-2-8 ~ 图 4-2-11 所示。

图 4-2-8　向上拉动扶手带拆装工具

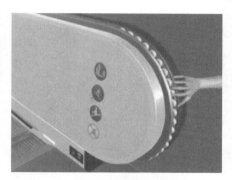

图 4-2-9　使扶手带当前位置脱离导轨

图 4-2-10　使用同样方法拆卸上端部扶手带

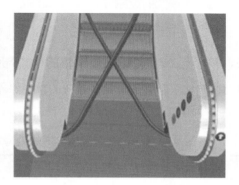

图 4-2-11　全部扶手带拆卸完毕

2. 扶手带在扶手带导轨安装的方法

工作前提为出入口盖板已经打开、关闭下部机房电源开关、检修开关已连接、检修操作器急停按钮已按下，如图 4-2-2 ～图 4-2-5 所示。

先将扶手带放置在扶手带导轨上，首先安装下端部的扶手带，安装过程中使用扶手带拆装工具将扶手带扣进扶手带导轨中，要求扣紧稳当，再使用同样的方法安装直线部分和上端部扶手带。使用同样的方法将另外一段扶手带也安装上去，如图 4-2-12 ～图 4-2-15 所示。

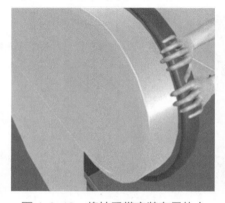

图 4-2-12　将扶手带安装在导轨上

图 4-2-13　使用安装工具将扶手带安装牢固

图 4-2-14 安装直线段扶手带

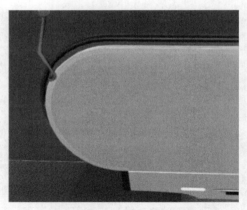

图 4-2-15 安装上端部扶手带

三、扶手带端部滑轮组及导轨的检查与保养所需工具

自动扶梯扶手带端部滑轮及导轨的维护保养需要的相关工具及劳保用品一览表，如表 4-2-1 和表 4-2-2 所示。

表 4-2-1 扶梯扶手带端部滑轮及导轨的维护与保养需要的相关工具一览表

工具	名称	作用	工具	名称	作用
	提拉扳手	打开机坑盖板		警示围栏	维修过程中防止他人进入
	钢直尺	测量尺寸		梅花扳手	紧固螺丝
	十字螺钉旋具	紧固螺丝		电工钳	线路维修
	扶手带拆装工具	拆装扶手带		吸尘器	进行吸尘清洁

表 4-2-2　扶梯扶手带端部滑轮及导轨的维护保养需要的劳保用品一览表

工具	名称	作用	工具	名称	作用
	安全帽	保护头部安全		工作服	身体防护
	防滑电工鞋	保护脚部安全		护目镜	保护眼睛
	防护栏	维修过程中防止他人进入		安全绳	高空防坠落
	手持式测速仪	测量速度		手套	保护手

任务实施

一、自动扶梯扶手带端部滑轮组及导轨的检查与保养前的准备工作

①检查是否做好了自动扶梯发生故障的警示及相关安全措施。

②按规范做好维保人员的安全保护措施。

③准备相应的维保工具。

二、扶手带端部滑轮组及导轨的检查与保养

① 在自动扶梯的出入口放置安全围栏，如图 4-2-16 所示。

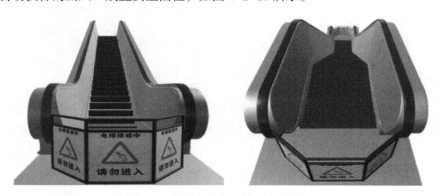

图 4-2-16　在出入口放置安全围栏

② 检查扶梯扶手带松紧度的工作前提为出入口盖板已经打开、关闭下部机房电源开关、检修开关已连接、检修操作器急停按钮已按下，如图 4-2-17 ～ 图 4-2-20 所示。

图 4-2-17　拆除下部出入口盖板

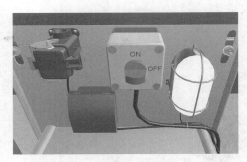

图 4-2-18　关闭下部机房电源开关

图 4-2-19　连接操作器插头

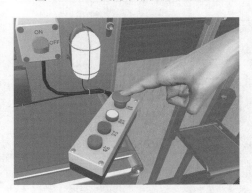

图 4-2-20　按下操作器急停按钮

③扶手带已经从扶手带导轨中拆卸下来，检查保养内容如下：

➢ 检查导轨是否存在变形或者台阶，如图 4-2-21 所示。

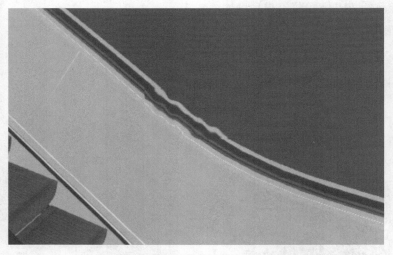

图 4-2-21　检查导轨是否存在变形或者台阶（有变形等缺陷需要修复）

➢ 检查导轨内部是否有灰尘，如图 4-2-22 所示。

➢ 检查导轨滑轮是否有灰尘，如图 4-2-23 所示。

➢ 检查导轨滑轮是否滚动灵活，如图 4-2-24 所示。

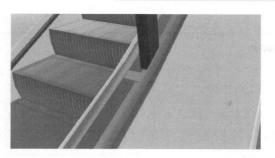

图 4-2-22　检查导轨内部是否有灰尘（有灰尘需要使用吸尘器清洁）

图 4-2-23　检查导轨滑轮是否有灰尘（有灰尘　图 4-2-24　检查导轨滑轮是否滚动灵活（存在有
　需要使用吸尘器清洁）　　　　　　　　　卡涩情况需要进行润滑）

任务评价

任务完成后，由指导教师对本任务完成情况进行评价考核，评价考核表如表 4-2-3 所示。

表 4-2-3　扶手带松紧度的检查与保养实操评价考核表（100 分）

序号	内容	配分	考核评分标准	扣分	得分
1	安全意识	20	1. 不按要求穿着工作服、戴安全帽、穿防滑电工鞋（扣 4 分）； 2. 在自动扶梯出入口没有放置安全围栏（扣 4 分）； 3. 违反安全要求，进行带电作业（扣 4 分）； 4. 不按安全要求规范使用工具（扣 4 分）； 5. 其他违反安全操作规范的行为（扣 4 分）		
2	扶手带的拆装	30	1. 不会连接和使用检修操作器（扣 3 分）； 2. 不知道拆卸扶手带的方法（扣 7 分）； 3. 在操作过程中，没按下操作器急停按钮（扣 4 分）； 4. 在操作过程中，没断开下机房的电压开关（扣 4 分）； 5. 没有使用合适的工具进行拆卸操作（扣 2 分）； 6. 操作中有工具掉落（扣 1 分 / 次）； 7. 不会检查扶手带的正确性（扣 8 分）		
3	扶手带滑轮组件及导轨的保养	30	1. 不会连接和使用检修操作器（扣 3 分）； 2. 在操作过程中，没按下操作器急停按钮（扣 4 分）； 3. 在操作过程中，没断开下机房的电压开关（扣 4 分）； 4. 不会进行导轨变形的判断和调整（扣 7 分）； 5. 不会进行滑轮灵活度的检查（扣 5 分）； 6. 操作中有工具掉落（扣 1 分 / 次）； 7. 不会清洁导轨和滑轮的灰尘（扣 5 分）		

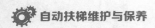

续表

序号	内容	配分	考核评分标准	扣分	得分
4	职业规范和环境保护	20	1. 在工作过程中工具和器材摆放凌乱（扣 5 分）； 2. 不爱护设备、工具，不节省材料（扣 5 分）； 3. 在工作完成后不清理现场，在工作中产生的废弃物不按规定处置，扣 2 分（若将废弃物遗弃在下机房内的扣 10 分）		
综合评价					

习题

一、选择题

1. 相对于自动扶梯梯级的运行速度，扶手带的运行速度（　　）。

A. 慢很多　　　　　　B. 快很多　　　　　　C. 稍慢　　　　　　D. 稍快

2. 扶梯扶手带外缘与墙壁或其他障碍物之间的水平距离在任何情况下均不得小于（　　）mm。但不应过大，防止人员坠落。

A. 30　　　　　　B. 50　　　　　　C. 80　　　　　　D. 100

3. 按 GB 16899—2011《自动扶梯和自动人行道的制造与安装安全规范》规定，自动扶梯运行时，当扶手带速度偏离梯级实际速度大于（　　）且持续时间大于 15 s 时，扶手带速度监测装置应使自动扶梯停止运行。

A. +15%　　　　　　B. −15%　　　　　　C. −10%　　　　　　D. +10%

4. 扶手带开口处与导轨或扶手支架之间的距离在任何情况下均不允许超过（　　）

A. 5 mm　　　　　　B. 6 mm　　　　　　C. 7 mm　　　　　　D. 8 mm

5. 自动扶梯扶手带中心线与交叉障碍物之间的距离小于 0.5 m 时，应设置一个无锐利边缘的垂直挡板，其高度不小于（　　）。

A. 0.2 m　　　　　　B. 0.3 m　　　　　　C. 0.4 m　　　　　　D. 0.5 m

二、判断题

1. 自动扶梯的检修控制装置应是可移动的便携式操作装置。　　　　　　（　　）

2. 自动扶梯的驱动主机放在下端是一种较好的方案。　　　　　　（　　）

3. 自动扶梯的驱动允许用链条、传动带和三角带。　　　　　　（　　）

4. 按 GB 16899—2011《自动扶梯和自动人行道的制造与安装安全规范》的规定，自动扶梯上行停止时，如果其中任一接触器主触点未打开，则自动扶梯只能上行重新启动，无法下行重新启动。　　　　　　（　　）

5. 按 GB 16899—2011《自动扶梯和自动人行道的制造与安装安全规范》的规定，附加制动器动作时，不必保证对工作制动器所要求的制停距离。　　　　　　（　　）

任务三　自动扶梯扶手带驱动装置的检查和调整

任务描述

根据自动扶梯维护保养流程，对扶手带驱动装置进行检查，检查后还要进行保养调整。通过完成此任务，掌握扶手带驱动装置的结构特点及作用，按照维护保养流程对其进行维护保养，能诊断与排除扶手带驱动装置运行过程的安全隐患。

任务准备

一、扶手带驱动装置的基本结构

扶手带驱动装置是由梯级的驱动主轮一起带动的，驱动扶手带的压带轮周长大小会使得转动线速度有细微差别，这时就通过调整压带轮的松紧程度，使扶手带速度满足 0 ~ 2% 偏差的要求，如图 4-3-1 所示。

扶手带的驱动方式按保证驱动摩擦力分为：①摩擦轮驱动，利用摩擦轮与扶手带之间的摩擦力带动扶手带驱动；②压轮直线驱动，通过布置两组或者多组滚轮夹住扶手带来驱动。比如公共交通重载型扶梯一般用摩擦轮驱动。

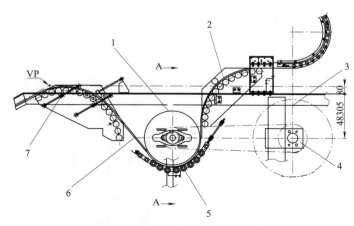

图 4-3-1　扶手带驱动装置的基本结构

1—扶手摩擦轮；2—扶手转向轮组；3—T.G 中心；4 扶手驱动链；5—扶手压带滚轮组；6—扶手带；7—扶手张紧轮组

二、扶手带驱动装置的检查与调整所需工具

扶手带驱动装置的维护保养需要的相关工具及劳保用品一览表，如表 4-3-1 和表 4-3-2 所示。

表 4-3-1　扶手带驱动装置的维护保养需要的相关工具一览表

工具	名称	作用	工具	名称	作用
扶梯	提拉扳手	打开机坑盖板		警示围栏	维修过程中防止他人进入

工具	名称	作用	工具	名称	作用
	钢直尺	测量尺寸		梅花扳手	紧固螺丝
	十字螺钉旋具	紧固螺丝		一字螺钉旋具	紧固螺丝
	呆扳手	紧固螺丝		抹布	清洁管路油污
	毛刷	刷油润滑		油枪	增加润滑油
	尖嘴钳	导线弯卷及剥离导线绝缘层		套筒扳手	紧固螺丝

表 4-3-2　扶手带驱动装置的维护保养需要的劳保用品一览表

工具	名称	作用	工具	名称	作用
	安全帽	保护头部安全		工作服	身体防护
	防滑电工鞋	保护脚部安全		护目镜	保护眼睛
	防护栏	维修过程中防止他人进入		安全绳	高空防坠落
	手持式测速仪	测量速度		手套	保护手

任务实施

一、自动扶梯扶手带驱动装置的检查和调整前的准备工作

① 检查是否做好了自动扶梯发生故障的警示及相关安全措施。

② 按规范做好维保人员的安全保护措施。

③ 准备相应的维保工具。

二、扶手带驱动装置的检查与调整

1. 扶手带驱动装置的检查

① 在自动扶梯的出入口放置安全围栏，如图 4-3-2 所示。

图 4-3-2 在出入口放置安全围栏

② 检查扶梯扶手带松紧度的工作前提为出入口盖板已经打开、关闭下部机房电源开关、检修开关已连接、检修操作器急停按钮已按下，如图 4-3-3 ~ 图 4-3-6 所示。

图 4-3-3 拆除下部出入口盖板

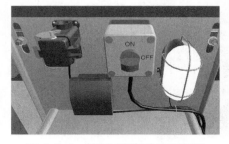
图 4-3-4 关闭下部机房电源开关

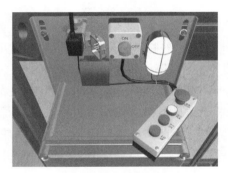
图 4-3-5 连接操作器插头

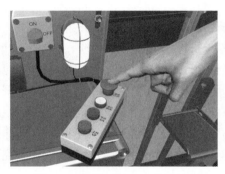
图 4-3-6 按下操作器急停按钮

③ 检查扶手带驱动力是否正常：首先在自动扶梯正常运行的状态下，扶梯向上运行时操作人员在自动扶梯下部弧形双手紧握扶手带，向扶手带运行的相反方向拉动扶手带，如果能够拉停扶手带，说明扶手带驱动力不足，需要进行调整，如图 4-3-7 和图 4-3-8 所示。

④ 在检查扶手带驱动力的时候，应该站立稳当，防止因为站立不稳而造成摔倒损伤的情况出现。（用力拉动扶手带时注意身体重心适当向下，如图 4-3-8 所示，往后拉动扶手带，用力没有拉停应该马上松开），如图 4-3-9 和图 4-3-10 所示。

图 4-3-7　操作人员在下部弧形处检查

图 4-3-8　双手握紧扶手带

图 4-3-9　拉动扶手带应站立稳当

图 4-3-10　站立不稳容易摔伤

2. 扶手带驱动装置的调整

① 检查扶梯扶手带松紧度的工作前提为出入口盖板已经打开、关闭下部机房电源开关、检修开关已连接、检修操作器急停按钮已按下，见图 4-3-3 ～图 4-3-6。

② 拆除自动扶梯上端部扶手栏杆板和围裙板，然后使用钢直尺测量扶手带压紧装置张紧弹簧的长度，弹簧长度应该满足厂家标注要求。如果不符合要求可以松开锁紧螺母，调整弹簧压缩量，以改变弹簧长度符合厂家标注要求从而调整扶手带摩擦轮与压紧轮对扶手带的压紧程度来调整扶手带的驱动力。调整完成后，重新锁紧螺母，如图 4-3-11 ～图 4-3-14 所示。

图 4-3-11　拆除上端部扶手栏杆板和围裙板

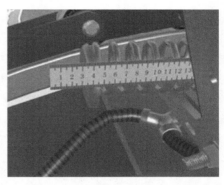

图 4-3-12　测量扶手带压紧装置张紧弹簧长度

图 4-3-13　调整扶手带压紧装置张紧弹簧长度

调整扶手带摩擦轮与压紧轮对扶手带的压紧力

图 4-3-14　增加扶手带驱动力

3. 扶手带驱动装置的润滑

（1）扶手带驱动链的润滑

工作前提为出入口盖板已经打开、关闭下部机房电源开关、检修开关已连接、检修操作器急停按钮已按下和拆卸 3 个梯级。使用检修操作器检修运行自动扶梯，将梯级缺口移动到自动扶梯上部，并按下检修操作器急停按钮、关闭机房电源。使用毛刷刷上润滑油对扶手带驱动链进行润滑（注：请使用厂家指定的润滑油脂，加注量请按厂家说明书进行操作），如图 4-3-15 和图 4-3-16 所示。

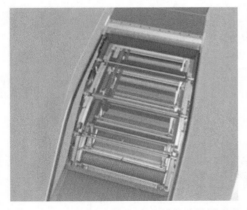

图 4-3-15　将梯级缺口移动到自动扶梯上部

图 4-3-16　使用毛刷对扶手带驱动链进行润滑

（2）扶手带驱动轴的润滑

工作前提为出入口盖板已经打开、关闭下部机房电源开关、检修开关已连接、检修操作器急停开关已按下和拆卸 3 个梯级。使用检修操作器检修运行自动扶梯，将梯级缺口移动到自动扶梯上部，打开上部盖板并按下检修操作器急停按钮和关闭机房电源。将油枪枪口与扶手带驱动轴的注油孔进行连接，使用油枪将润滑脂注入注油口内进行润滑，使用同样的方法对另外一边的扶手带驱动轴进行润滑（注：请使用厂家指定的润滑油脂，加注量请按厂家说明书进行操作），如图 4-3-17 和图 4-3-18 所示。

图 4-3-17　打开上部盖板　　　　　图 4-3-18　对注油口注入润滑脂

任务评价

任务完成后，由指导教师对本任务完成情况进行评价考核，评价考核表如表 4-3-3 所示。

表 4-3-3　扶手带驱动装置的检查与调整实操评价考核表（100 分）

序号	内容	配分	考核评分标准	扣分	得分
1	安全意识	15	1. 不按要求穿着工作服、戴安全帽、穿防滑电工鞋（扣 3 分）； 2. 在自动扶梯出入口没有放置安全围栏（扣 3 分）； 3. 违反安全要求，进行带电作业（扣 3 分）； 4. 不按安全要求规范使用工具（扣 3 分）； 5. 其他违反安全操作规范的行为（扣 3 分）		
2	扶手带驱动装置的检查	20	1. 不会连接和使用检修操作器（扣 2 分）； 2. 不会检查扶手带张紧力的方法（扣 5 分）； 3. 在操作过程中，没按下操作器急停按钮（扣 2 分）； 4. 在操作过程中，没断开机房的电源开关（扣 2 分）； 5. 没有使用合适的工具进行拆卸操作（扣 2 分）； 6. 操作中有工具掉落（扣 1 分 / 次）； 7. 检查扶手带的过程中摔倒或受伤（扣 10 分）		
3	扶手带驱动装置的调整	30	1. 不会连接和使用检修操作器（扣 3 分）； 2. 不知道拆卸扶手带挡板和围裙板的方法（扣 7 分）； 3. 在操作过程中，没有按下操作器急停按钮（扣 4 分）； 4. 在操作过程中，没有断开机房的电源开关（扣 4 分）； 5. 没有使用合适的工具进行拆卸操作（扣 2 分）； 6. 操作中有工具掉落（扣 1 分 / 次）； 7. 不会调整扶手带的摩擦力（扣 8 分）		

序号	内容	配分	考核评分标准	扣分	得分
4	扶手带驱动装置的润滑	20	1. 不会连接和使用检修操作器（扣2分）； 2. 在操作过程中，没有按下操作器急停按钮（扣2分）； 3. 在操作过程中，没有断开下机房的电源开关（扣4分）； 4. 不会进行驱动链的润滑（扣5分）； 5. 操作中有工具掉落（扣1分/次）； 6. 不会进行驱动轴的润滑（扣5分）		
5	职业规范和环境保护	15	1. 在工作过程中工具和器材摆放凌乱（扣3分）； 2. 不爱护设备、工具，不节省材料（扣2分）； 3. 在工作完成后不清理现场，在工作中产生的废弃物不按规定处置，扣2分（若将废弃物遗弃在机房内的扣10分）		
综合评价					

习题

一、选择题

1. 位于出、入口处扶手装置的两端，扶手带在此处改变运动方向称为（　　）。

　　A. 围裙板　　　　　　B. 扶手转向端　　　　　C. 护壁板　　　　　　D. 外盖板

2. 在扶手带下方，装于围裙板或内盖板与外盖板之间的内护板称为（　　）。

　　A. 围裙板　　　　　　B. 内盖板　　　　　　　C. 护壁板　　　　　　D. 外盖板

3. （　　）是自动扶梯的侧面在梯级以上的部分，它包括裙板、内侧板、盖板和扶手。

　　A. 电刷　　　　　　　B. 扶栏　　　　　　　　C. 扶手带　　　　　　D. 火警操作

4. 自动扶梯或自动人行道进行压带更换时，必须拆除若干梯级或踏板，其操作不应包括（　　）。

　　A. 放松压带张紧弹簧的调节螺母，使张紧带松弛，张紧到合适程度

　　B. 重新调节张紧弹簧使压带正常

　　C. 试运转自动扶梯或人行道，再重新装上梯级或踏板

　　D. 不要进行检修运行来更换

5. 以下不是自动扶梯张紧装置的作用是（　　）。

　　A. 使牵引链条获得必要的初张力　　　　　　B. 补偿牵引链条在运转过程中的伸长

　　C. 使牵引链条改变方向　　　　　　　　　　D. 带动扶手带一起运转

二、判断题

1. 自动扶梯张紧装置可分为重锤式和弹簧式。　　　　　　　　　　　　　　　　（　　）

2. 自动扶梯制动器的型式可以分为带式制动器、盘式制动器和块式制动器。　　（　　）

3. 自动人行道的导轨系统具有转向臂。　　　　　　　　　　　　　　　　　　（　　）

4. 《特种设备质量监督与安全监察规定》所称"维修保养"不是指改造的业务。　（　　）

5. 自动扶梯或自动人行道应设置一个制动系统。　　　　　　　　　　　　　　（　　）

项目五
自动扶梯电气装置的维护与保养

项目概述

　　电气控制系统由控制柜、分线箱、控制按钮、扶手照明（按用户要求配置）、梯级间隙照明、安全开关及连接电缆等组成。控制柜安装在金属骨架上水平段端部，分线箱安装在下水平端部，它主要是实现下端各安全开关的中间连接。各安全开关主要起保护乘客绝对安全的作用，一旦扶梯某部位发生故障，扶梯会立即停止运行。

　　本项目根据自动扶梯维修与保养的基本操作这一要求，设计了 2 个工作任务，通过完成这 2 个工作任务，使学习者掌握基本安全规范操作，学会自动扶梯电气装置的维护和保养，学会按照正确步骤进行电气装置的保养及调整，并能树立牢固的安全意识与规范操作的良好习惯。

项目目标

知识目标

1.熟悉自动扶梯维护保养安全操作的步骤和注意事项。

2.熟悉自动扶梯电气系统的基本结构和工作原理。

3.掌握机房电气系统的拆卸、清洁、润滑、更换与调整方法。

能力目标

1.会检查维护保养机房电气控制柜。

2.会实施电气控制系统的拆卸、清洁、润滑、更换与调整工作。

3. 会填写《维护保养单》；能对每台自动扶梯或自动人行道设立维护保养档案，并记录维护内容、调整原因和情况。

4.会搜集和使用相关的自动扶梯维护保养资料。

素质目标

1.工作认真、负责，严格执行维修工艺规程和安全规程，发现隐患立即处理。

2.应对所维护保养的自动扶梯和自动人行道制订正确可行的维修计划并予以实施。

3.维修人员应遵循有关的安全法规和标准，能以必要、正确的操作保证自动扶梯和自动人行道的正常安全运行。

4.培养学生良好的安全意识和职业素养。

任务一 自动扶梯电气控制柜的维护与保养（上下机坑）

任务描述

根据自动扶梯维护保养要求，完成对扶梯电气控制柜线路的维护、电气控制柜清洁保养、接触器和继电器保养、导电回路绝缘性能测试。通过完成此任务，掌握机房电气控制系统的拆卸、清洁、更换与调整方法，按照维护和保养流程对电气柜进行维护保养，能够诊断与排除电气控制柜在运行过程中的安全隐患。

任务准备

一、自动扶梯常用的电气设备

自动扶梯常用电气设备主要有熔断器、断路器、交流接触器、热继电器、中间时间继电器、按钮、指示灯、行程开关等，如图 5-1-1 所示。

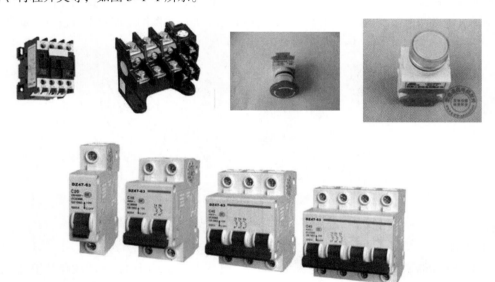

图 5-1-1 自动扶梯常用的电气设备

1. 熔断器

熔断器是一种广泛用于低压电路或者电动机控制电路中过载与短路保护的电器。

熔断器的主体是低熔点金属丝或金属片制成的熔体，熔体与绝缘底座组合而成熔断器。熔断器串联在被保护的电路中，在正常情况下，熔体相当于一根导线；发生短路或过载时，流过熔断器的电流大于规定值，熔体因过热熔断而自动切断电路。

熔断器的熔体材料通常有两种：一种由铅锡合金和锌等低熔点、导电性能差的金属材料制成；另一种由银、铜等高熔点、导电性能好的金属材料制成。熔断器型号、图形和文字符号如图 5-1-2 所示。

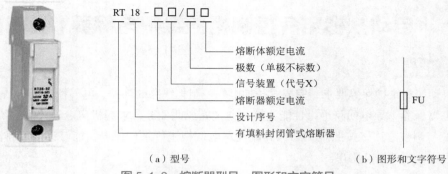

（a）型号 　　　　　　　　　　　　　　　　（b）图形和文字符号

图 5-1-2　熔断器型号、图形和文字符号

熔断器主要有插入式熔断器、无填料封闭管式熔断器、有料封闭管式熔断器、螺旋式熔断器、快速熔断器和自复式熔断器等类型。

（1）插入式熔断器

插入式熔断器主要应用于额定电压为 380 V 以下的电路末端，作为供配电系统中对导线、电气设备（如电动机、负荷电器）以及 220 V 单相电路（如民用照明电路及电气设备）的短路保护电器。瓷插式熔断器如图 5-1-3 所示。

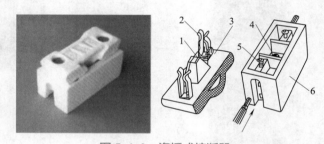

图 5-1-3　瓷插式熔断器

1—熔丝；2—动触头；3—瓷盖；4—空腔；5—静触头；6—瓷座

（2）螺旋式熔断器

螺旋式熔断器主要应用于交流电压为 380 V、电流为 200 A 以内的电力线路和用电设备中做短路保护，特别是在机床电路中应用比较广泛，如图 5-1-4 所示。

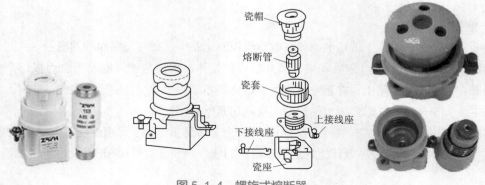

图 5-1-4　螺旋式熔断器

（3）快速熔断器

快速熔断器主要用于半导体整流或整流装置的短路保护。由于半导体的过载能力很低，只能在极短时间内承受较大的过载电流，因此要求短路保护具有快速熔断的能力。快速熔断器如图 5-1-5 所示。

快速熔断器的熔体是由纯银制成的，由于纯银的电阻率低、延展性好、化学性好、化学稳定性好，因此快速熔断器的熔体可做成薄片。

（4）自复式熔断器

自复式熔断器的熔体是应用非线性电阻元件制成的（金属钠、特殊合金等）。高温下，金属钠迅速气化，电阻剧增，限制了电流的进一步增大。电流减小后，重新恢复导电状态，如图 5-1-6 所示。

图 5-1-5　快速熔断器　　　　　图 5-1-6　自复式熔断器

2. 低压断路器

低压断路器又称自动空气开关或自动空气断路器，其作用是不仅可以在电路正常时用于不频繁地接通或断开电路，而且当电路发生过载、短路、失压或欠压等故障时能自动切断电路。从功能上，它相当于刀开关、熔断器、热继电器和欠压继电器的组合，集控制与多种保护于一身，并具有操作安全、使用方便、工作可靠、安装简单、分段能力高等优点，主要用于低压配电线路中。低压断路器如图 5-1-7 所示。

图 5-1-7　低压断路器的外形图

断路器具有过电流、短路自动脱扣功能，带有消磁灭弧装置，可以用来接通、切断大电流。断路器的灭弧装置暴露在空气中，在空气介质环境中就可以消除电弧，这类电器一般多用于低压回路。断路器是一种只要有短路现象，开关形成回路就会跳闸的开关，在自动扶梯上大量使用。

断路器型号、图形和文字符号如图 5-1-8 所示。

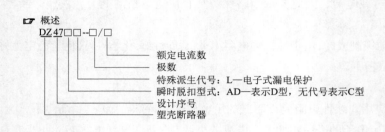
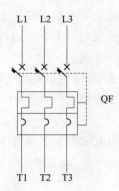

图 5-1-8　断路器型号、图形和文字符号

3. 交流接触器

接触器是用于远距离频繁地接通或断开交直流主电路及大容量控制电路的一种自动切断电器。具有控制容量大，可远距离操作，配合继电器可以实现定时操作、联锁控制、各种定量控制和失压及欠压保护，广泛应用于自动控制电路，其主要控制对象是电动机。按主触头通过电流的种类，接触器可分为交流接触器和直流接触器两种。交流接触器如图 5-1-9 所示。

接触器由电磁系统、触头系统、灭弧装置和复位弹簧等几部分构成。交流接触器结构如图 5-1-10 所示。

图 5-1-9　交流接触器

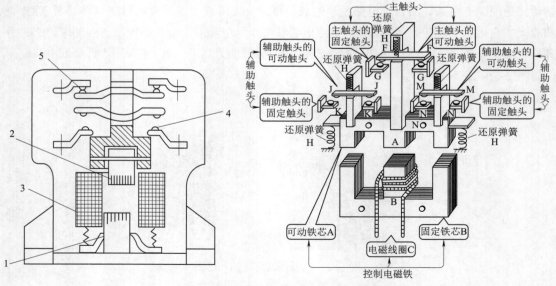

图 5-1-10　交流接触器的结构示意图

1—铁芯；2—衔铁；3—线圈；4—常开触头；5—常闭触头

4. 继电器

继电器是一种根据电量（电压、电流等）或非电量（热、时间、转速、压力等）的变化使触点动作，接通或断开控制电路，以实现自动控制、安全保护、转换电路等功能的自动电器。常用的继电器有：电磁式继电器、时间继电器、热继电器、温度继电器等。

电磁式继电器是使用最多的一种继电器，其基本结构和工作原理与电磁式接触器相似，二者最主要的区别是继电器主要用于切换小电流的控制和保护电路，没有灭弧装置，也没有主触点和辅助触点之分，可以在电量和非电量的作用下动作；而接触器是用来控制大电流的电路，有灭弧装置，一般只能在电压作用下动作。

电磁式继电器一般由铁芯、线圈、衔铁、触点簧片等组成的。只要在线圈两端加上一定的电压，线圈中就会流过一定的电流，从而产生电磁效应，衔铁就会在电磁力吸引的作用下克服返回弹簧的拉力吸向铁芯，从而带动衔铁的动触点与静触点（常开触点）吸合。当线圈断电后，电磁的吸力也随之消失，衔铁就会在弹簧的反作用力下返回原来的位置，使动触点与原来的静触点（常闭触点）释放。这样吸合、释放，从而达到了在电路中的导通、切断的目的。对于继电器的"常开、常闭"触点，可以这样来区分：继电器线圈未通电时处于断开状态的静触点，称为"常开触点"；处于接通状态的静触点称为"常闭触点"。常见的电磁式继电器的外形图如图 5-1-11 所示。触点吸合如图 5-1-12 和触点断开如图 5-1-13 所示。

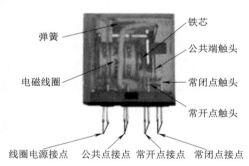

弹簧　　铁芯　　公共端触头　　常闭点触头　　常开点触头
电磁线圈

线圈电源接点　公共点接点　常开点接点　常闭点接点

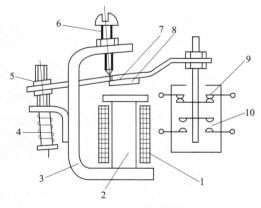

图 5-1-11　电磁式继电器

1—线圈；2—铁芯；3—磁轭；4—弹簧；5—调节螺母；6—调节螺钉；7—衔铁；8—非磁性垫片；9—动断触点；10—动合触点

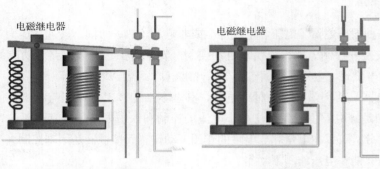

图 5-1-12　吸合　　　　　　　　　图 5-1-13　断开

5. 漏电保护器

漏电保护器又称漏电保护自动开关或漏电保安器。主要用途：当发生人身触电或漏电时，能迅速切断电源，保障人身安全，防止触电事故发生。电梯中常作电梯电源开关。漏电保护开关如图 5-1-14 所示。

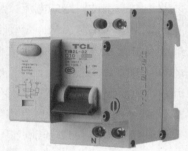

二、自动扶梯电气控制柜

控制柜是自动扶梯电气系统的核心，是监测和控制自动扶梯运行的计算机，控制柜连接安全和监测装置，并不断收到来自传感器系统关于自动扶梯状况和运行的信息。控制柜位于上端底坑，接近驱动站。

图 5-1-14　漏电保护开关

控制柜的内部装有电源开关、控制器、驱动模块、继电器等诸多电器设备。定期对控制柜进行清洁保养工作能有效地提高其工作寿命和安全性。

自动扶梯所有的电气控制元件都安装在一个控制箱内，松开螺栓可以将电气控制箱提出机房，便于操作。操纵手柄与主开关相连，具有一定的安全性，在检查与维修自动扶梯时，只有转动操纵手柄，将主开关电源切断，方可打开控制箱，对控制元件进行检修。自动扶梯控制柜如图 5-1-15 所示。

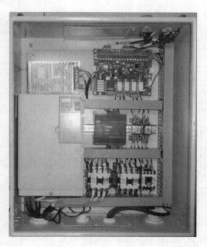

图 5-1-15　自动扶梯控制柜

如图 5-1-16 所示，自动扶梯控制柜主要由控制系统、拖动系统和电源系统三部分组成。

① 控制系统是自动扶梯的控制核心，常由 PLC、单片机或继电器组成。

② 拖动系统是自动扶梯的驱动系统，主要由变频器和各类接触器组成。

③ 电源系统是自动扶梯的动力来源，由各类变压器、整流桥和指示灯组成。

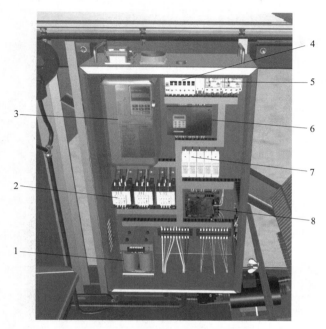

图 5-1-16　自动扶梯控制柜的组成

1—变压器；2—接触器；3—变频器；4—主开关；5—过载保护；6—监控装置；7—时间继电器；8—控制单元

三、自动扶梯电气控制柜保养所需工具

自动扶梯电气控制柜维护保养需要的相关工具及劳保用品一览表，如表 5-1-1 和表 5-1-2 所示。

表 5-1-1　自动扶梯电气控制柜维护保养需要的相关工具一览表

工具	名称	作用	工具	名称	作用
	呆扳手	安装、拆卸		万用表	电路检测
	梅花扳手	安装、拆卸		钳形表	测量交流电流

工具	名称	作用	工具	名称	作用
	T形扳手	安装、拆卸		卡簧钳	取出及放置卡簧
	内六角扳手	安装、拆卸		塞尺	测量间隙
	螺丝刀	安装、拆卸		楔形塞尺	测量间隙
	胶锤	修正部件		钢卷尺	测量长、宽度
	线锤	测量垂直度		钢直尺	测量尺寸
	水平尺	测量水平度		手持式测速仪	测量速度
	毛刷	清扫灰尘		抹布	清洁油污

表 5-1-2　自动扶梯电气控制柜维护保养需要的劳保用品一览表

工具	名称	作用	工具	名称	作用
	安全帽	保护头部安全		工作服	身体防护
	防滑电工鞋	保护脚部安全		护目镜	保护眼睛
	防护栏	保护乘客及维修人员安全		安全绳	高空防坠落
	手持式测速仪	测量速度		手套	保护手

任务实施

一、自动扶梯电气控制柜的维护与保养前的准备工作

① 检查是否做好了自动扶梯发生故障的警示及相关安全措施。

② 按规范做好维保人员的安全保护措施。

③ 准备相应的维保工具。

二、自动扶梯电气控制柜维护保养

1. 扶梯控制柜线路的基本保养

① 切断电源、放置安全围栏。切断电源前确认自动扶梯上无人，在自动扶梯的上下入口处放置安全围栏，如图 5-1-17 所示。

图 5-1-17　在出入口放置安全围栏

② 拆卸上下机房盖板，关闭下部机房电源开关，安装连接检修操作器插头，按下检修操作器急停按钮。使用专有工具拆卸，两人配合操作。检查上下机房盖板、前沿板有无变形、锈蚀，如图 5-1-18 ~ 图 5-1-20 所示。

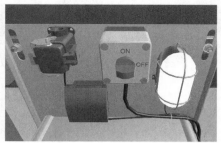

图 5-1-18　拆除上下部出入口盖板　　图 5-1-19　关闭下部机房电源开关

图 5-1-20　检查上下机房盖板、前沿板

③ 测量自动扶梯主电源 R、S、T 端是否有电，检查所有电源开关是否都处于断开状态，如图 5-1-21 所示。

图 5-1-21　检查供电电源

④ 检查上机房接线盒的维修电源开关，电源开关应动作可靠，锁紧装置完好。该电源开关用于接通 / 切断上、下机房的电源，可供手提灯、电钻等维修工具使用，如图 5-1-22 所示。

⑤ 检查机房内接线盒的维修电源插座应安装牢固、内外清洁、无锈蚀。该电源插座方便维修人员在桁架内获取电源，可供手提灯、电钻等维修工具使用，如图 5-1-23 所示。

图 5-1-22　维修电源开关　　　　　　　图 5-1-23　维修电源插座

⑥ 控制柜、变频器地线应该接地可靠，绝缘皮无破损、老化，线路整齐，无交叉、扭曲、打结现象。动力电源管应无损坏，密封保护层完好，如图 5-1-24 所示。

> ⚠️ 注意：
> 检查变频器时，要切断电源 5 ~ 10 min 后再进行，必须确认变频器电源指示灯熄灭，同时要对留存电荷进行放电处理。

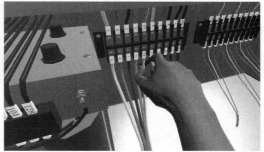

图 5-1-24　检查控制柜

⑦ 检查检修盒按钮是否动作可靠，检修插头、插座、插针是否完好，有无变形，急停开关是否动作可靠。在使用检修操纵盒内开关时，钥匙开关功能必须无效，如图 5-1-25 所示。

⑧ 控制柜的连接电缆固定牢固，无破损，如图 5-1-26 所示。

图 5-1-25　检查检修装置

图 5-1-26　检查电缆

2. 控制柜的清洁和保养

① 按下检修操作器急停按钮，将控制柜从机房内提出。对于控制柜表面存在的一般性灰尘，先使用干燥、清洁的白抹布擦拭清除，再使用油葫芦清洗，最后用抹布擦干即可，如图 5-1-27 和图 5-1-28 所示。

图 5-1-27　控制柜从机房内提出

图 5-1-28　抹布擦拭清除控制柜上的灰尘

111

②　对于控制柜表面存在的顽固油渍，先用抹布和去污剂清洗一遍，然后使用毛刷刷净，再将残留的污渍清除，如图 5-1-29 所示。

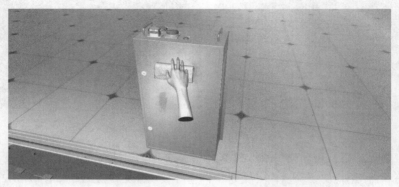

图 5-1-29　清洗控制柜上的顽固污渍

③　对于控制柜内的清洁和保养。目视检查控制柜内的电子元件和电路板是否有灼烧痕迹和变色现象，是否全部导线都密封有保护层。端子接线是否牢固，用螺丝刀紧固所有松动的连接，如图 5-1-30 和图 5-1-31 所示。

图 5-1-30　观察电子元件和电路板表面　　　　图 5-1-31　导线管无损坏

④　检查导线密封保护层及紧固接线端子，如图 5-1-32 和图 5-1-33 所示。

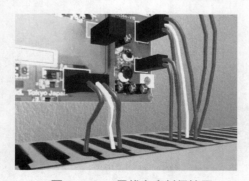
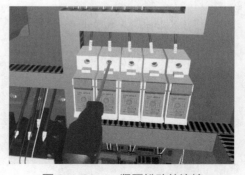

图 5-1-32　导线有密封保护层　　　　图 5-1-33　紧固松动的连接

⑤　检查接线端子上的线号是否清晰，如果已经缺失或者模糊，重新制作线号，并换上新的线号，如图 5-1-34 所示。

⑥ 柜内清洁前，先用蘸有酒精或清洁剂的干净抹布擦拭掉驱动模块等表面的灰尘。再将柜内电线整理好，用扎带绑好，用保护膜缠好，防止清洁过程中电线松动和脱落。

清洁完毕后，拆去电线和器件模块上的保护膜，检查器件是否完好，保证无损坏和松动。再仔细用干的洁净抹布擦拭干净柜子，保证柜子无尘、干燥清洁。清洁时，应按照先上后下、先左后右的原则有序的进行打扫，如图 5-1-35 所示。

图 5-1-34　接线端子上整齐的线号

图 5-1-35　控制柜清洁

3. 控制柜接触器、继电器的保养

① 检查分合接触器的活动部分，要求接触器动作灵活、无卡阻现象，各部件如有损坏，应及时更换。

② 检查继电器外壳不能有划痕、裂纹、破损等机械损伤；观察每个触点应该光滑饱满，触点光亮；检查继电器内部不能有焊渣等异物，继电器线圈不能有断线，所有焊点饱满、润湿；定位销与底座应该一致，两者配合无松动，紧密接触；继电器引出脚无弯曲、变色或其他机械损伤；继电器标签无脱落（防拆标签、流水号标签等），如图 5-1-36 所示。

图 5-1-36　继电器保养

4. 导电回路绝缘性能测试

① 导电回路绝缘性能测试工具选用兆欧表（又称摇表），使用前检查兆欧表是否完好，将兆欧表水平且平稳放置，检查指针偏转情况：将 E（接地端）、L（线路）两端开路，以约 120 r/min 的转速摇动手柄，观测指针是否指向到 "∞" 处；然后将 E（接地端）、L（线路）两端短接，缓慢摇动手柄，观测指针是否指向到 "0" 处，经检查完好才能使用，如图 5-1-37 和图 5-1-38 所示。

图 5-1-37　兆欧表指针指到 "∞" 处

图 5-1-38　兆欧表指针指到 "0" 处

② 把扶梯电气控制柜上所有弱电和强电端子拆下，兆欧表放置平稳牢固，被测物表面擦干净，以保证测量正确。兆欧表有三个接线柱：线路（L）、接地（E）、屏蔽（G）。测量电气控制柜 380 V 线路对地绝缘电阻时，E 端接地，L 端分别接于三相 U、V、W 上。测量电气安全电路和其他电路时，L 接火线，E 接零线。

③ 由慢到快摇动手柄，直到转速达 120 r/min 左右（转速快，测量值偏大），保持手柄的转速均匀、稳定，一般转动 1 min，待指针稳定后读数。导体之间和导体对地之间的绝缘电阻必须符合规范要求，并且其值不小于：动力电路和电气安全电路 0.5 MΩ；其他电路（如控制、照明、信号等）0.2 MΩ，如图 5-1-39 和图 5-1-40 所示。

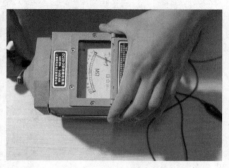 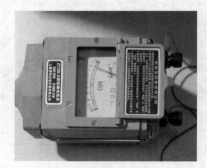

图 5-1-39　测量图　　　　　　　　　　图 5-1-40　兆欧表测量结果

④ 测量完毕，待兆欧表停止转动和被测物接地放电后方能拆除连接导线，如图 5-1-41 所示。

图 5-1-41　拆除导线

任务评价

任务完成后，由指导教师对本任务完成情况进行评价考核，评价考核表如表 5-1-3 所示。

表 5-1-3　自动扶梯电气控制柜的维护与保养实操评价考核表（100 分）

序号	内容	配分	考核评分标准	扣分	得分
1	安全意识	20	1. 不按要求穿着工作服、戴安全帽、穿防滑电工鞋（扣 2 分）； 2. 在自动扶梯出入口没有放置安全围栏（扣 1 分）； 3. 违反安全要求，进行带电作业（扣 4 分）； 4. 不按安全要求规范使用工具（扣 2 分）； 5. 其他违反安全操作规范的行为（扣 2 分）		

续表

序号	内容	配分	考核评分标准	扣分	得分
2	扶梯控制柜线路的基本保养	20	1. 没有切断电源（扣5分）； 2. 没有检查所有电源开关是否都处于断开状态（扣2分）； 3. 在操作过程中，没有断开下机房的电压开关（扣2分）； 4. 不知道维修电源开关和插座的位置（扣2分）； 5. 在操作过程中，没有按下操作器急停按钮（扣2分）； 6. 没有使用合适的工具进行拆卸操作（扣2分）； 7. 操作中有工具掉落（扣1分/次）		
3	控制柜的清洁和保养	10	1. 不会连接和使用操作器（扣1分）； 2. 在操作过程中，没按下操作器急停按钮（扣2分）； 3. 在操作过程中，没断开下机房的电压开关（扣2分）； 4. 没有使用合适的工具进行操作（扣2分）； 5. 操作中有工具掉落（扣1分/次）； 6. 没有按照顺序清洁（扣1分）		
4	控制柜接触器、继电器的保养	10	1. 没有检查产品铭牌和线圈上的数据（扣1分）； 2. 没有检查接触器触点（扣1分）； 3. 没有检查接触器铁芯（扣1分）； 4. 没有检查继电器触点（扣1分）； 5. 没有检查继电器线圈（扣1分）		
5	导电回路绝缘性能测试	20	1. 没有选用正确的测量工具（扣2分）； 2. 测量前没有检查兆欧表的好坏（扣2分）； 3. 没有把扶梯电气控制柜上所有弱电和强电端子取下（扣2分）； 4. 测量完毕后，没有待兆欧表停止转动和被测物接地放电后方能拆除连接导线（扣2分）		
6	职业规范和环境保护	20	1. 在工作过程中工具和器材摆放凌乱（扣2分）； 2. 不爱护设备、工具，不节省材料（扣2分）； 3. 在工作完成后不清理现场，在工作中产生的废弃物不按规定处置，扣2分（若将废弃物遗弃在下机房内的扣10分）		
综合评价					

一、选择题

1. 导体之间和导体对地之间的绝缘电阻必须符合规范要求，动力电路和电气安全电路绝缘电阻阻值不小于（　　）。

　　A. 0.5 MΩ　　　　　　B. 5 MΩ　　　　　　　C. 0.2 MΩ　　　　　　D. 2.5 MΩ

2. 在电气控制箱内装上一个（　　）显示器。

　　A. 运行状态　　　　B. 检修状态　　　　　C. 故障　　　　　　　D. 暂停状态

3. 自动扶梯所有的电气控制元件都安装在一个控制箱内，位于（　　）机房。

　　A. 上部　　　　　　B. 中部　　　　　　　C. 下部　　　　　　　D. 地面

4. 自动扶梯应有便捷式检修控制装置，其连接电缆长度应不小于（　　）m。

　　A. 1　　　　　　　　B. 2　　　　　　　　　C. 3　　　　　　　　　D. 4

5. 用玻璃制作的护壁板，其厚度至少是（　　　）。

    A. 8 mm　　　　　　　　B. 10 mm　　　　　　　　C. 6 mm　　　　　　　　D. 7 mm

二、判断题

1. 直接与电源连接的电动机应采用手动复位的自动断路器进行过载保护，该断路器应能切断电动机的所有供电电源。　　　　　　　　　　　　　　　　　　　　　　　　（　　　）

2. 在驱动主机附近、转向站中或控制装置旁，应设置一个能切断电动机、制动器释放装置和控制短路电源的主开关；该开关应切断电源插座或检查和维修所必需的照明电路的电源。（　　　）

3. 检修插座电源应和自动扶梯主机电源分开。　　　　　　　　　　　　　　　（　　　）

4. 使用检修控制装置时，安全开关可以不起作用。　　　　　　　　　　　　　（　　　）

任务二　自动扶梯安全回路的维护与保养

任务描述

根据自动扶梯维护保养流程，对自动扶梯安全回路上电气安全装置进行检查及调整。通过完成此任务，掌握电气安全装置的特点及作用，按照维护保养流程对安全回路进行维护保养，能够诊断与排除安全回路中的安全隐患。

任务准备

一、自动扶梯电气安全装置

自动扶梯运行是否安全可靠，直接关系到每个乘员的生命安全，所以必须在设计、生产、安装、使用等过程中，将可能发生的危险情况全面周到地清除，并采用有效措施加以防范和控制。

所有电气安全装置连接到一个共同的安全电路，任何安全装置动作时都能切断安全回路，从而停止自动扶梯。自动扶梯的安全装置对扶梯产生的一切故障和安全问题都具有自动报警、自动显示、自动故障分析等功能，从最大限度上保证了乘客的安全。电气安全装置在自动扶梯上的安装位置如图 5-2-1 所示。

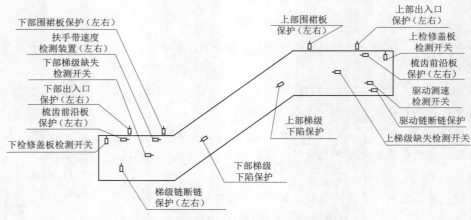

图 5-2-1　自动扶梯梯级与梯级系统

1. 急停按钮

急停按钮位于自动扶梯两端出入口处的围板上，当乘客遇到紧急情况时，可按下紧急按钮，停止自动扶梯。急停按钮如图 5-2-2 所示。当自动扶梯的两急停按钮之间的距离大于 30 m 时，需要增加附加急停按钮。

图 5-2-2　急停按钮

2. 钥匙启动开关

钥匙启动开关用来启动和停止自动扶梯，并控制其运行方向（上 / 下），位于左侧头部围裙板和右侧下头部围裙板上，如图 5-2-3 所示。

图 5-2-3　钥匙启动开关

3. 盖板安全开关

当自动扶梯正常运行过程中，如果上下检修盖板打开，则通过安装在盖板下的检测开关，切断自动扶梯的安全回路电源，使其立即停止运行。当转换至检修状态时，该检测开关不起作用，如图 5-2-4 所示。

4. 梳齿板安全开关

当有异物卡在梯级踏板与梳齿之间，导致梯级不能与梳齿板正常啮合时，梳齿就会弯曲或折断。此时梯级不能正常进入梳齿板，梯级的前进力将梳齿板抬起移位，连接在梳齿板上的动作臂压到梳齿板开关，梳齿板开关断开，自动扶梯停止，达到安全保护的作用。梳齿板开关如图 5-2-5 所示。

图 5-2-4　盖板安全开关

图 5-2-5　梳齿板安全开关

5. 扶手带入口安全保护开关

为防止有异物进入扶手带出入口，避免小孩子的手在此处被夹住，在扶手带端部下方入口处安装了弹性软体套圈防异物保护装置。该装置在受到平行于扶手带运动方向的作用时可发生变形，安全开关断开，使自动扶梯停止，如图 5-2-6 所示。

图 5-2-6 扶手带入口安全保护开关

6.驱动链断裂保护装置

图 5-2-7 所示为驱动链断裂保护装置。当驱动链断裂时，驱动链条下垂压下开关监测杆，开关动作，切断电源而使自动扶梯停止运行。

图 5-2-7 驱动链断裂保护装置

7.梯级蹋陷安全开关

在自动扶梯梯路上、下曲线段处各装一个梯级蹋陷开关。当梯级弯曲变形或超载使梯级下沉时，梯级会碰到动作杆，转轴随之转动，触动安全开关，安全电路断开，自动扶梯停止运行，如图 5-2-8 所示。

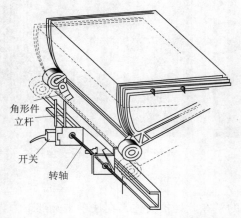

图 5-2-8 梯级塌陷保护装置

8. 梯级链伸长或断裂保护开关

在张紧装置的张紧弹簧端部装设有开关,当牵引链条由于磨损或其他原因而过长时,即碰到开关,切断电源而使自动扶梯停止运行。梯级链伸长或断裂保护开关如图 5-2-9 所示。

9. 围裙板安全开关

在自动扶梯上部两边和下部两边都装有梯级与裙板间隙安全开关,自动扶梯在正常运行时,裙板与梯级间保持

图 5-2-9　梯级链伸长或断裂保护开关

一定的间隙,为了防止异物夹入梯级与围裙板之间的间隙中,在围裙板的反面机架上装有微动开关,当有不适当物体或压力进入梯级与围裙板之间时,围裙板将发生弯曲,达到一定的弯曲程度时,安全开关动作,切断安全回路,使自动扶梯停止运行。围裙板安全开关如图 5-2-10 所示。

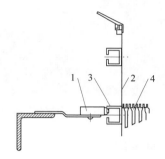

图 5-2-10　围裙板安全开关

1—微动开关;2—裙板;3—加强型钢;4—梯级

10. 梯级缺失保护装置

用于监测梯路中梯级的缺失。如果梯路中缺失一个梯级,则切断安全回路,使自动扶梯停止运行。梯级缺失探测器如图 5-2-11 所示,传感器安装位置如图 5-2-12 所示。

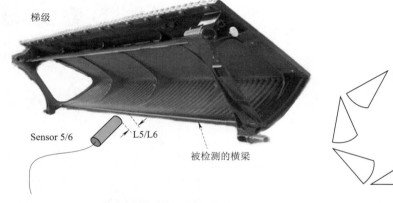

图 5-2-11　梯级缺失探测器

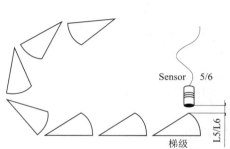

图 5-2-12　传感器安装位置示意图

11. 扶手带断带保护装置

扶手带断带保护装置位于水平梯级到斜梯级间内侧板内部。当扶手带断裂，紧靠扶手带内的滚轮摇臂就会下跌，保护装置动作，停止设备运行。扶手带断带保护装置如图5-2-13所示。

12. 扶手带速度偏离故障保护装置

在自动扶梯下端拐点旁左右扶手带下方装有扶手带测速装置。测速轮在扶手带驱动下被动旋转，其线速度与扶手带的速度基本一致。根据接近传感器和由扶手带驱动的测量有钢片检测板的托辊监控扶手带速度。将扶手带速度传感器和梯路速度传感器的信号发送到控制柜，如果扶手带速度偏离额定速度，则自动扶梯的安全回路断开，自动扶梯立即停止运行，从而实现扶手带测速保护。扶手带速度偏离故障保护装置如图5-2-14所示。

图5-2-13 扶手带断带保护装置　　　图5-2-14 扶手带速度偏离故障保护装置

13. 电动机速度监控装置

通过感应传感器先后产生一脉冲，将脉冲输入到脉冲计数器电路进行计数，便可以得到自动扶梯的速度和方向。当自动扶梯反转、超过额定速度或低于额定速度时，电动机速度监控装置便切断自动扶梯的电源。电动机速度监控装置如图5-2-15所示。

14. 制动器打开监控开关

它主要监测自动扶梯运行时制动器是否打开。当制动器关闭时，开关必须触及支架上的螺栓；当用松闸手柄打开制动器时，开关不能触碰支架上的螺栓。

图5-2-15 电动机速度监控装置

15. 制动器磨损检测开关

它主要检测自动扶梯主抱闸内衬的磨损情况，当抱闸内衬小于3 mm时，切断安全回路，使自动扶梯停止运行。

16. 工作制动器

工作制动器安装在电动机高速轴上，它能使自动扶梯在停止运行过程中，以匀减速度使其停止运转，并能保持停止状态。在扶梯不工作期间，抱闸制动器是常闭的，也就是处于制动状态，在扶梯起车时，通过对抱闸线圈持续通电，抱闸打开，扶梯运转。在抱闸线路断电后，抱闸制动器立即制动，如图5-2-16所示。

图 5-2-16 工作制动器

17. 附加制动器

在驱动机组与驱动主轴使用传动链条进行连接时,一旦传动链突然断裂,两者之间即失去联系。此时,即使有安全开关使电源断电,电动机停止运转,也无法使自动扶梯梯路停止运行。特别是在有载上升时,自动扶梯梯路将突然反向运转和超速向下运行,导致乘客受到伤害。所以要在驱动主轴上装设一制动器(见图 5-2-17),用机械方法制动驱动主轴,即整个自动扶梯停止运行,则可以防止上述情况发生。

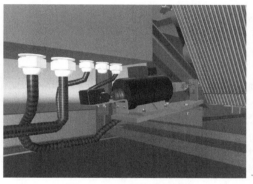

图 5-2-17 附加制动器

18. 相位保护(错断相继电器)

根据国家标准 GB 7588—2003《电梯制造与安装安全规范》中规定,对于供电电源的错相及电压降低都应有防护措施。相序继电器在所有电梯控制系统中是不可缺少的环节。当电梯供电系统出现相序错误及缺相时电梯不能运行。在交流电梯中电梯的向上与向下运行是通过改变电动机供电电压的相序实现的,当相序发生错误时,会使上与下运行反向。在控制系统中必须采用相序保护,否则会造成人身和设备事故。

错断相保护装置是电梯电气线路出现错相和断相故障时,保护装置动作,电梯停止运行。

图 5-2-18 所示为错断相继电器外形;图 5-2-19 所示为接线端;图 5-2-20 所示为正常工作时触点和指示灯的动作,图 5-2-21 所示为断相时触点和指示灯的动作,图 5-2-22 所示为错相时触点和指示灯的动作。

图 5-2-18 错断相继电器外形

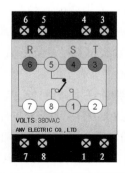

图 5-2-19 错断相继电器接线端

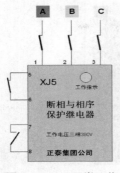

图 5-2-20　正常工作

图 5-2-21　断相

图 5-2-22　错相

二、常用检测方法及注意事项

1. 常用检测方法

（1）电压测量法

电源电压的检测。电源是电路正常工作的必要条件，所以当电路出现故障时，应首先检测电源部分。测量电源电压时，应先选择万用电表的测量挡位和量程。

电压测量有交流电压测量（见图 5-2-23）和直流电压测量（见图 5-2-24）两种。

图 5-2-23　交流电压测量

图 5-2-24　直流电压测量

（2）使用电压测量法的注意事项

① 使用电压测量法检测电路时。必须先了解被测电路的情况、被测电源的种类、被测电压的高低范围，然后根据实际情况合理选择测量设备（如万用表）的挡位。以防止烧毁测试仪表。

② 测量前必须分清被测电压是交流还是直流电压，确保万用表红表笔接电位高的测试点，黑表笔接电位低的测试点，防止因指针反向偏转而损坏电表。

③ 使用电压测量法时要注意防止触电，确保人身安全。测量时人体不要接触表笔的金属部分。具体操作时，一般先把黑表笔固定。然后用单手拿着红表笔进行测量。

2. 测量电压法判断线路断点分压电路分析

① 若电压表示数为 0，说明该段电路没有压降，而在有电流的情况下只有短路时才不会有压降；如果是其他部分断路，电路中除断开点之外其他任何地方都不会有压降。

② 若电压表示数为电源电压，而电路中有电流，且电流过大，那该段电路一定是与电源直接相连的，所以说其他部分会有短路现象，如图 5-2-25 所示。

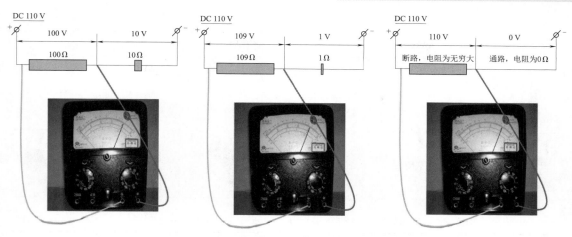

图 5-2-25　测量电压法判断线路断点分压电路分析

三、梯级维护保养所需工具

梯级维护保养需要的相关工具及劳保用品一览表，如表 5-2-1 和表 5-2-2 所示。

表 5-2-1　梯级维护保养所需工具一览表

工具	名称	作用	工具	名称	作用
	呆扳手	安装、拆卸		万用表	电路检测
	梅花扳手	安装、拆卸		钳形表	测量交流电流
	T 形扳手	安装、拆卸		卡簧钳	取出及放置卡簧
	内六角扳手	安装、拆卸		塞尺	测量间隙
	螺丝刀	安装、拆卸		楔形塞尺	测量间隙
	胶锤	修正部件		钢卷尺	测量长、宽度

续表

工具	名称	作用	工具	名称	作用
	线锤	测量垂直度		钢直尺	测量尺寸
	水平尺	测量水平度		手持式测速仪	测量速度

表 5-2-2 梯级维护保养所需劳保用品一览表

工具	名称	作用	工具	名称	作用
	安全帽	保护头部安全		工作服	身体防护
	防滑电工鞋	保护脚部安全		护目镜	保护眼睛
	防护栏	保护乘客及维修人员安全		安全绳	高空防坠落
	手持式测速仪	测量速度		手套	保护手

任务实施

一、自动扶梯安全回路的维护与保养前的准备工作

①检查是否做好了自动扶梯发生故障的警示及相关安全措施。

②按规范做好维保人员的安全保护措施。

③准备相应的维保工具。

二、自动扶梯安全回路的维护与保养

1. 自动扶梯安全开关的保养

（1）放置安全围栏

在自动扶梯的出入口放置安全围栏，如图 5-2-26 所示。

图 5-2-26 在出入口放置安全围栏

（2）上、下机房停止按钮保养

打开扶梯上下部出入口盖板，当维修人员在机房内操作时，必须先按下上、下机房急停按钮。停止按钮要动作灵活，无卡死，无锈蚀，开关接触良好，如图 5-2-27 和图 5-2-28 所示。

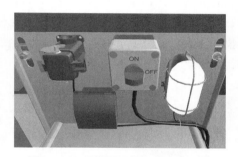

图 5-2-27 拆除下部出入口盖板　　　　　图 5-2-28 关闭下部机房电源开关

（3）钥匙开关和急停按钮保养

控制装置包含钥匙开关和急停按钮。钥匙开关用于启动自动扶梯运行，并控制其运行方向（上／下）；急停按钮用于停止自动扶梯。钥匙启动开关是主控开关，检查其是否转动灵活，操作后有无自动回到原来位置。检查紧急按钮的镶嵌状况是否松脱、损坏及折断，如图 5-2-29 和图 5-2-30 所示。

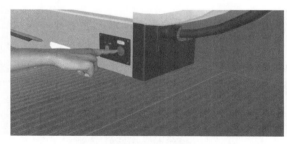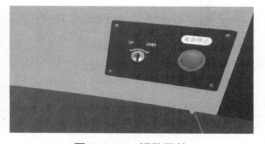

图 5-2-29 急停按钮　　　　　　　　图 5-2-30 钥匙开关

（4）盖板安全开关保养

当盖板被提起时，检测杆复位，安全开关被触发，并停止自动扶梯运行。此开关在检修状态下不起作用，开关手动复位。开关与地面下表面的距离为 2 ~ 3 mm。楼层板安全装置内外清洁、无锈蚀，开关接触良好，无氧化，如图 5-2-31 和图 5-2-32 所示。

图 5-2-31　盖板安全开关动作

图 5-2-32　盖板安全开关

（5）扶手带入口开关保养

当有异物进入扶手带与入口挡板之间时，该挡板会被推动并触发安全开关，停止自动扶梯运行，开关自动复位。开关应安装牢固，无松弛，挡板与扶手带两侧空隙均匀，运行时无摩擦，挡板操作压力一般为（7＋1）N。通常，扶手带入口安全装置内外应清洁、无锈蚀，开关接触良好，无氧化。如图 5-2-33 和图 5-2-34 所示。

图 5-2-33　扶手带入口外侧

图 5-2-34　扶手带入口开关

（6）梳齿板开关保养

梳齿板安全装置内外应清洁、无锈蚀，开关接触良好，无氧化、无松弛。围裙与梳齿板之间的空隙为 3 ~ 3.5 mm。抬起梳齿板为 3 ~ 4 mm，梳齿板开关断开，切断安全回路。检修运行扶梯，用工具撬动安全开关连杆，模拟梳齿板触动安全开关，自动扶梯停止运行，说明梳齿板安全开关功能正常，如图 5-2-35 和图 5-2-36 所示。

图 5-2-35　梳齿板开关保养

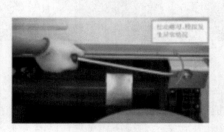

图 5-2-36　撬动安全开关连杆

（7）主驱动链保护装置保养

将开关安装在自动扶梯上端驱动链旁边，若驱动链下垂量超过标准范围 10 ～ 20 mm，该装置检测不到信号，自动扶梯立即停止。驱动链检测装置与驱动链之间距离应为 4 ～ 5 mm。将该装置移离驱动链，然后检修运行自动扶梯，扶梯不能启动，如图 5-2-37 和图 5-2-38 所示。

图 5-2-37　主驱动链保护装置保养

图 5-2-38　主驱动链保护安装的位置

（8）梯级下陷开关保养

发生松脱时，梯级下陷部分会触动位于其下方的检测杆，从而触发安全开关。开关动作后，需手动复位，开关与支架距离为 0.5 ～ 1.5 mm。确保杠杆与安全制动之间有足够的空隙。梯级下陷开关内外应清洁、无锈蚀，开关接触良好，无氧化，如图 5-2-39 和图 5-2-40 所示。

图 5-2-39　梯级下陷开关

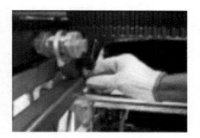
图 5-2-40　梯级下陷开关保养

（9）梯级链张紧开关 / 梯级链断裂监控装置保养

当梯级链断裂或过度拉伸时，张紧架在张紧弹簧的作用下动作并触发安全开关后，停止扶梯运行。维护时，除了检查安全开关之外，还应注意检查安全开关与挡板的相对位置及固定情况，确认在挡板行程范围内（2.5 ～ 3.5 mm）能触发安全开关动作，如图 5-2-41 所示。

图 5-2-41　梯级链张紧开关 / 梯级链断裂监控装置

（10）围裙板安全开关保养

当有异物进入梯级和围裙板之间时，安全开关会受到围裙板的压力而被触发，并停止扶梯运行，触点与支架距离为 0 ～ 0.5 mm。检查其启动性能、有无松弛及污物，如图 5-2-42 所示。

图 5-2-42　围裙板开关保养

2. 自动扶梯监控装置的保养

（1）抱闸动作监控装置的保养

当抱闸未能正常动作时，此监控装置发出相应的检测信号，控制系统将断开主接触器，切断主回路供电。开关自动复位，控制柜自动复位，如图 5-2-43 所示。

图 5-2-43　抱闸动作监控装置保养

（2）抱闸衬垫磨损监控装置的保养

当主机的抱闸衬垫出现磨损时，此监控装置发出相应的检测信号，提示维护人员检查衬垫，如图 5-2-44 所示。

图 5-2-44　抱闸衬垫磨损监控装置的保养

（3）主机盖保护装置的保养

当主机盖被掀起时，安全开关的两部分被分离，开关动作，并停止自动扶梯运行，如图 5-2-45 所示。

图 5-2-45　主机盖保护装置的保养

（4）机械式超速限速器的保养

当主机的速度超过额定速度的 120% 时，限速器会触发安全开关，控制系统受到信号后会使自动扶梯停止运行，开关手动复位。开关与支架的距离为 4 mm，如图 5-2-46 所示。

图 5-2-46　机械式超速限速器的保养

（5）梯级链轮监控装置保养

当梯级链滚轮因破裂或损坏而产生位置下降时，会触发安全开关，控制系统收到信号后会使自动扶梯停止运行。开关手动复位，控制柜自动复位。开关与链板的距离为 0.5～1 mm，如图 5-2-47 所示。

（6）梯级检测装置保养

当检测到梯级缺失时，其发出相应信号，使自动扶梯停止运行。开关自动复位后，同时需要控制柜进行系统复位。梯级检测装置内外应清洁、无锈蚀，与梯级侧面的间隙一般为 3～5 mm，如图 5-2-48 所示。

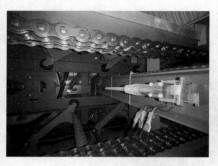

图 5-2-47　梯级链轮监控装置保养

图 5-2-48　梯级检测装置保养

（7）扶手带断裂监控装置保养

当扶手带断裂时，扶手带的张力急剧减小，开关失去既定的压力而被触发，控制系统收到信号后会使自动扶梯停止运行。开关手动复位，控制柜自动复位，如图 5-2-49 所示。

（8）扶手带速度监控装置保养

检测扶手驱动轮运转的频率，若检测到的频率低于额定频率的 85% 时，且持续时间超过 5 s，则控制系统会发出信号使自动扶梯停止运行。传感器检测面与金属片的距离为 1 mm，如图 5-2-50 所示。

图 5-2-49　扶手带断裂监控装置保养

图 5-2-50　扶手带速度监控装置保养

任 务 评 价

任务完成后，由指导教师对本任务完成情况进行评价考核，评价考核表如表 5-2-3 所示。

表 5-2-3　自动扶梯安全回路的维护与保养实操评价考核表（100 分）

序号	内容	配分	考核评分标准	扣分	得分
1	安全意识	10	1. 不按要求穿着工作服、戴安全帽、穿防滑电工鞋（扣 2 分）； 2. 在自动扶梯出入口没有放置安全围栏（扣 1 分）； 3. 违反安全要求，进行带电作业（扣 4 分）； 4. 不按安全要求规范使用工具（扣 2 分）； 5. 其他违反安全操作规范的行为（扣 2 分）		

续表

序号	内容	配分	考核评分标准	扣分	得分
2	自动扶梯安全开关的保养	40	1. 不会连接和使用操作器（扣 2 分）； 2. 不知道各个安全开关的位置（扣 4 分）； 3. 在操作过程中，没有按下操作器急停按钮（扣 2 分）； 4. 在操作过程中，没有断开下机房的电压开关（扣 4 分）； 5. 没有使用合适的工具进行拆卸操作（扣 1 分）； 6. 操作中有工具掉落（扣 1 分 / 次）； 7. 保养没有达到要求（扣 10 分）		
3	自动扶梯监控装置的维护和保养	40	1. 不会连接和使用操作器（扣 2 分）； 2. 不知道各个安全开关的位置（扣 4 分）； 3. 在操作过程中，没有按下操作器急停按钮（扣 2 分）； 4. 在操作过程中，没有断开下机房的电压开关（扣 4 分）； 5. 没有使用合适的工具进行拆卸操作（扣 2 分）； 6. 操作中有工具掉落（扣 1 分 / 次）； 7. 保养没有达到要求（扣 10 分）		
4	职业规范和环境保护	10	1. 在工作过程中工具和器材摆放凌乱（扣 2 分）； 2. 不爱护设备、工具，不节省材料（扣 2 分）； 3. 在工作完成后不清理现场，在工作中产生的废弃物不按规定处置，扣 2 分（若将废弃物遗弃在下机房内的扣 10 分）		
综合评价					

一、选择题

1. 扶手带相对梯级运行速度偏差不超过（　　）。

A. 0 ~ +2%　　　　B. 0 ~ ±2%　　　　C. 0 ~ ±5%　　　　D. 0 ~ +5%

2. 不属于自动扶梯必备的电气安全装置的是（　　）。

A. 扶手带入口防异物保护装置　　　　B. 扶手带同步监控装置

C. 速度监控装置　　　　D. 梳齿板开关

3. 按 GB 16899—2011《自动扶梯和自动人行道的制造与安装安全规范》规定，附加制动器应能使自动扶梯有效地减速停止，并使其保持静止状态，其减速度不应超过（　　）m/s²。

A. 0.5　　　　B. 1　　　　C. 2　　　　D. 5

4. 按 GB 16899—2011《自动扶梯和自动人行道的制造与安装安全规范》的规定，直接与电源连接的电动机应进行（　　）保护。

A. 断错相　　　　B. 错相　　　　C. 错断相　　　　D. 短路

5. 按 GB 16899—2011《自动扶梯和自动人行道的制造与安装安全规范》规定，自动扶梯和自动人行道应能通过装设在驱动站和转向站的装置检测梯级或踏板的缺失，并应在（　　）停止。

A. 缺口从梳齿板位置出现之前

B. 缺口从梳齿板位置出现之后

C. 缺口与梳齿板位置平行时

D. 保证下陷的梯级在到达梳齿与踏面相交线前有足够的距离停止运行

二、判断题

1. 自动扶梯只有工作制动器使自动扶梯停止运行。　　　　　　　　　　（　　）

2. 自动扶梯应设置断相保护装置。　　　　　　　　　　　　　　　　　（　　）

3. 扶手照明和梳齿板照明的电源应分开。　　　　　　　　　　　　　　（　　）

4. 转换自动扶梯的运行方向时，只要在运行过程中将开关转到反方向即可。（　　）

5. 由于梯级链在长时间使用过程中会发生相对伸长，因此必须对曳引链张紧装置及安全开关挡板的位置进行定期调整，若调整弹簧至极限还不能保证梯级链有足够的张力就必须更换牵引链条。　　　　　　　　　　　　　　　　　　　　　　　　　　　　（　　）

6. 按 GB 16899—2011《自动扶梯和自动人行道的制造与安装安全规范》的规定，自动扶梯附加制动器可以是机械式的，也可以是电气式的。　　　　　　　　　　　　（　　）

7. 按 GB 16899—2011《自动扶梯和自动人行道的制造与安装安全规范》的规定，自动扶梯的机－电式制动器的制动力必须通过带导向的压缩弹簧来产生。　　　　　　　　（　　）

8. 如果不会对维修作业产生附加风险，则可以将灭火设备放置在自动扶梯转向站内。（　　）

9. 自动扶梯与曳引电梯一样不能用带式制动器。　　　　　　　　　　　（　　）

10. 自动扶梯紧急停止开关之间的距离应不大于 30 m，自动人行道紧急停止开关之间的距离不应大于 40 m。　　　　　　　　　　　　　　　　　　　　　　　　　（　　）

项目六
自动扶梯润滑系统的维护与保养

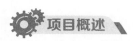 项目概述

　　自动扶梯机械结构中要使用多种链条，为了确保这些链条在运行时的低振动，低噪声及延长链条和链轮的使用寿命，对链条润滑是非常重要的。

　　本项目根据自动扶梯维修与保养的基本操作这一要求，设计了 4 个工作任务。通过完成这 4 个工作任务，使学习者掌握基本安全规范操作，学会自动扶梯润滑系统的维护与保养，学会按照正确步骤、程序进行自动扶梯润滑系统的检查与保养，并能树立牢固的安全意识与规范操作的良好习惯。

项目目标

知识目标

1. 熟悉自动扶梯维护保养安全操作的步骤和注意事项。

2. 了解自动加油系统的组成及工作特点。

3. 掌握梯级导轨、梯级链、链轮的润滑要求与方法。

4. 掌握扶手驱动链、驱动轴的润滑要求与方法。

能力目标

1. 会检查维护保养自动扶梯自动加油系统。

2. 会实施自动扶梯梯级导轨、梯级链及链轮的清洁、润滑及调整。

3. 会填写《维护保养单》；能对每台自动扶梯设立维护保养档案，并记录维护内容、调整原因和情况。

素质目标

1. 工作认真、负责，严格执行维护工艺规程和安全规程，发现隐患立即处理。

2. 应对所维护保养的自动扶梯和自动人行道制订正确可行的维修计划并予以实施。

3. 维修人员应遵循有关的安全法规和标准，能以必要、正确的操作来保证自动扶梯和自动人行道的正常安全运行。

4. 培养学生良好的安全意识和职业素养。

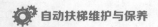

任务一　自动加油系统的维护与保养

根据自动扶梯维护保养流程，对自动扶梯自动加油系统中的油箱、油嘴、油管、分配器和润滑控制继电器进行检查、清洁及调整。通过完成此任务，掌握自动加油系统的结构特点及作用。按照维护保养流程对自动加油系统进行维护保养，能够诊断与排除自动加油系统在自动扶梯运行过程中存的安全隐患。

任务准备

一、自动加油系统

自动加油系统可自动感应传动链运行中摩擦力的变化，最大程度降低自动扶梯机件磨损和损耗。自动扶梯累计运行 48 h 自动加油，用以润滑驱动链条、梯级链条，以提高运行性能并延长自动扶梯的使用寿命，如图 6-1-1 所示。

图 6-1-1　自动扶梯自动加油系统

二、自动加油系统的组成

自动加油系统由润滑泵、滤油器、油路分配器、油刷及油管等组成，它设置于金属骨架上水平段，由电气控制部分定时定量对梯级、主驱动链、扶手驱动链等运动部件进行润滑。自动加油系统的组成如图 6-1-2 所示。

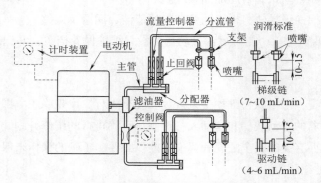

图 6-1-2　自动扶梯自动加油系统组成

1. 润滑泵

润滑泵是一种润滑设备，向润滑部位供给润滑剂的。机械设备都需要定期润滑，以前润滑的主要方式是根据设备的工作状况，到达一定的保养周期后进行人工润滑，比如常说的打黄油。润滑泵可以让这种维护工作更简便。润滑泵分为手动润滑泵和电动润滑泵，如图 6-1-3 所示。

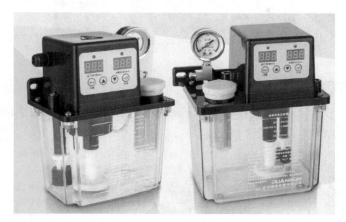

图 6-1-3　自动润滑泵

2. 滤油器

通常所说的滤油器一般指过滤液压油的过滤设备，通常由壳体和滤芯组成。按滤芯的材料，可以分为纸质滤芯滤油器、化纤滤芯滤油器、玻纤滤芯滤油器、不锈钢滤芯滤油器等。按滤油器安放的位置不同，还可以分为吸油滤油器、管路滤油器、回油滤油器。自动扶梯自动加油系统所用滤油器为吸油滤油器，考虑到泵的自吸性能，吸油滤油器一般都是粗过滤器，如图 6-1-4 所示。

图 6-1-4　滤油器

3. 油路分配器

油路分配器是按不同的润滑方式把润滑油送达润滑点的部件。扶梯自动加油系统中所用的油路分配器为阻尼式油路分配器，如图 6-1-5 所示。

阻尼式分配器又称比例式分配器。通过阻尼式的节流原理控制流量，适用于单线阻尼周期润滑系统中。

其性能特点如下：

① 计量件为管式结构，内有过滤网、限流杆和单向阀等。

② 根据计量和控制件规格的大小，能按比例将润滑油输送到各个润滑点。同一个润滑系统中尽量选择 4 个流率规格以内的计量件或者控制件。

③ 动作灵敏、排油畅通，计量件单向阀采用锥形弹簧，确保计量件动作灵敏，排油畅通，防止排出的油剂逆流。

④ 按照出油口不同需求，有多种型号可供选择。

图 6-1-5　油路分配器

三、自动加油系统电路的工作原理

在图 6-1-6 中，按下起动按钮 ST2，作为延时继电器的空气延时头 KT2 常闭触点闭合，KM6 控制线圈带电，与 ST2 并联的 KM6 的常开触点自锁，主电路中 KM6 主触点闭合，使润滑电动机 M3 起动并开始工作。持续到一定时间后，空气延时头的常闭触点断开，KM6 线圈断电，M3 停机，润滑结束。

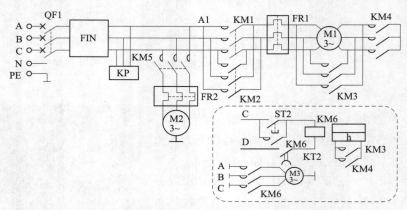

图 6-1-6　自动加油系统电路

四、自动加油系统维护保养所需工具

自动加油系统维护保养需要的相关工具及劳保用品一览表，如表 6-1-1 和表 6-1-2 所示。

表 6-1-1　自动加油系统维护保养所需工具一览表

工具	名称	作用	工具	名称	作用
	一字螺钉旋具	紧固螺丝		绝缘胶布	电线接头处绝缘防护
	十字螺钉旋具	紧固螺丝		电工钳	线路维修
	万用表	线路及开关检测		尖嘴钳	导线弯卷及剥离导线绝缘层

续表

工具	名称	作用	工具	名称	作用
	验电笔	线路检测		斜口钳	剪切导线
	记号笔	故障位置标记		毛刷	清扫管路灰尘
	呆扳手	紧固螺丝		抹布	清洁管路油污

表 6-1-2　自动加油系统维护保养所需劳保用品一览表

工具	名称	作用	工具	名称	作用
	安全帽	保护头部安全		工作服	身体防护
	防滑电工鞋	保护脚部安全		护目镜	保护眼睛
	防护栏	保护乘客及维修人员安全		安全绳	高空防坠落
	手持式测速仪	测量速度		手套	保护手

一、自动扶梯自动加油系统维护与保养前的准备工作

① 检查是否做好了自动扶梯发生故障的警示及相关安全措施。

② 按规范做好维保人员的安全保护措施。

③ 准备相应的维保工具。

④ 拆卸上下部出入口盖板，使用专用工具拆卸，两人配合操作。

⑤ 锁紧自动扶梯制动器，确保自动扶梯梯级不发生任何移动。

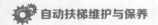
二、自动扶梯自动加油系统的维护与保养

1. 油箱中油位的检查维护

① 在自动扶梯的出入口放置安全围栏，如图 6-1-7 所示。

图 6-1-7　在出入口放置安全围栏

② 打开扶梯上下部出入口盖板，关闭机房电源开关，并锁紧自动扶梯制动器，如图 6-1-8 和图 6-1-9 所示。

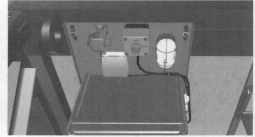

图 6-1-8　打开出入口盖板　　　　　　图 6-1-9　关闭机房电源开关

③ 检查油箱中油位，一般少于 1/3 时应及时加入，如果加油间隔时间设定比较短，则应每次基本加满油。如果油箱中油位同上次相比没有减少或减少过多，根据随机图纸上的说明检查调整加油时间和加油间隔时间。定期清理润滑油箱内的沉积物，否则会堵塞油管，导致油路不畅，各驱动链得不到充分润滑。润滑油箱中油位如图 6-1-10 所示。

图 6-1-10　润滑油箱中油位

2. 润滑油嘴的检查维护

① 油嘴应位于驱动链、梯级链、扶手驱动链的正上方中间位置。油刷与主驱动链、梯级链、扶手链的距离为 5 ~ 10 mm，如图 6-1-11 所示。

图 6-1-11　油刷与链条的位置

② 检查油嘴是否完好，必要时更换油嘴。更换油嘴时关闭加油泵，然后对损坏的油嘴进行更换，更换完毕恢复加油泵。油嘴损坏如图 6-1-12 所示。

③ 检查油嘴的出油状况，并用油嘴专用清洗剂对油嘴进行清洗、清洁，以免堵塞，如图 6-1-13 所示。

图 6-1-12　油嘴损坏

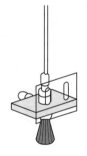

图 6-1-13　油嘴清洁

3. 油管和油路分配器的检查维护

① 手动打开加油泵，加油嘴出油正常。如果加油嘴没有润滑油滴出，则需要对油路进行检查，必要时更换加油管，如图 6-1-14 所示。

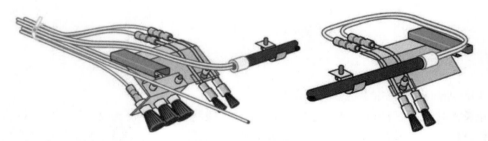

图 6-1-14　油管检查

② 检查油管固定是否牢靠，有无运动部件碰擦油管。清洁油路分配器，检查是否有漏油现象，必要时更换油管或油路分配器，如图 6-1-15 所示。

图 6-1-15　油管及油路分配器

4. 设定加油时间和加油间隔时间

检查加油时间及加油间隔时间是否已根据提升高度、规格等进行调整。运行中的自动扶梯，视每部扶梯状况不同，应灵活掌握加油时间和加油间隔时间，既要保证有足够的润滑油，又不至于使梯级踏板及相关部位粘上过量油污。通过自动润滑泵上的操作面板可对加油时间和加油间隔时间进行设定，如图 6-1-16 所示。

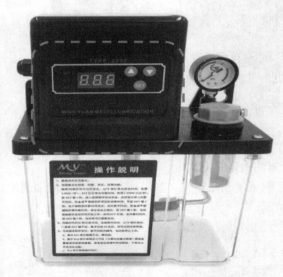

图 6-1-16　设定加油时间和加油间隔时间

5. 自动加油系统电路的检查维护

断电检查接线是否松动，绝缘皮无破损、老化，线路是否整齐，无交叉、扭曲、打结现象。检查继电器接线是否牢靠，手动确认触头动作是否灵活，是否有粘连现象，清除继电器的氧化层，如图 6-1-17 所示。

图 6-1-17　检查自动加油系统电路

任务完成后，由指导教师对本任务完成情况进行评价考核，评价考核表如表 6-1-3 所示。

表 6-1-3　自动扶梯自动加油系统维护保养实操评价考核表（100 分）

序号	内容	配分	考核评分标准	扣分	得分
1	安全意识	10	1. 不按要求穿着工作服、戴安全帽、穿防滑电工鞋（扣 1 分）； 2. 在自动扶梯出入口没有放置安全围栏（扣 1 分）； 3. 违反安全要求，进行带电作业（扣 2 分）； 4. 不按安全要求规范使用工具（扣 1 分）； 5. 其他违反安全操作规范的行为（扣 2 分）； 6. 操作过程中若出现安全事故（扣 10 分）		
2	油箱中油位的检查维护	20	1. 不知道自动加油系统油箱位置（扣 4 分）； 2. 不知道油箱中油位的要求（扣 4 分）； 3. 在实操过程中，没有断开机房的电源开关（扣 4 分）； 4. 没有使用合适的工具进行操作（扣 4 分）； 5. 操作中有工具掉落（扣 1 分 / 次）		
3	润滑油嘴的检查维护	15	1. 不知道油嘴与链条的距离要求（扣 5 分）； 2. 不知道油位位置（扣 2 分）； 3. 没有使用合适的工具进行操作（扣 2 分）； 4. 操作中有工具掉落（扣 1 分 / 次）		
4	油管和油路分配器的检查维护	15	1. 不会对油管和油路分配器进行检查（扣 2 分）； 2. 不会更换油管、油路分配器（扣 4 分）； 3. 没有使用合适的工具进行操作（扣 2 分）； 4. 没有对油管和油路分配器进行清洁（扣 2 分）		
5	设定加油时间和加油间隔时间	15	1. 不懂什么是自动加油时间（扣 3 分）； 2. 不懂什么是加油间隔时间（扣 3 分）； 3. 不会根据随机文件要求设定加油时间（扣 2 分）； 4. 不会根据随机文件要求设定加油间隔时间（扣 2 分）		
6	自动加油系统电路的检查维护	15	1. 检查电路位置不正确（扣 2 分）； 2. 不会使用验电笔（扣 2 分）； 3. 不会使用万用表对线路进行检查（扣 3 分）； 4. 不会对继电器进行通断检查（扣 3 分）		
7	职业规范和环境保护	10	1. 在工作过程中工具和器材摆放凌乱（扣 2 分）； 2. 不爱护设备、工具，不节省材料（扣 2 分）； 3. 在工作完成后不清理现场，在工作中产生的废弃物不按规定处置，扣 2 分（若将废弃物遗弃在机房内的扣 10 分）		
综合评价					

习题

一、选择题

1. 自动加油系统油箱中油位一般少于（　　）时应及时加入润滑油。

　　A. $\frac{1}{2}$　　　　　　B. $\frac{1}{3}$　　　　　　C. $\frac{1}{4}$　　　　　　D. $\frac{1}{5}$

2. 自动扶梯油刷与主驱动链、梯级链、扶手链的距离为（　　）。

　　A. 3～4 mm　　　　B. 3～6 mm　　　　C. 5～8 mm　　　　D. 5～10 mm

3. 自动扶梯累计运行（　　）自动加油，用以润滑驱动链条、梯级链条，以提高运行性能并延长自动扶梯的使用寿命。

　　A. 12 h　　　　　　B. 24 h　　　　　　C. 36 h　　　　　　D. 48 h

4. 自动加油系统由润滑泵、（　　）、油路分配器、油刷及油管等组成。

　　A. 滤网　　　　　　B. 过滤器　　　　　C. 滤油器　　　　　D. 喷油嘴

5. 同一个润滑系统中尽量选择（　　）个流率规格以内的计量件或者控制件。

　　A. 3　　　　　　　　B. 4　　　　　　　　C. 5　　　　　　　　D. 6

二、判断题

1. 进行自动扶梯维保工作，必须严格按照国家规范和相关安全规定进行工作。（　　）

2. 在自动扶梯维保工作之前，应设置保护行人的围栏和"停止使用"标牌。（　　）

3. 自动加油系统中根据需要可以加任何型号的润滑油，没有特别规定。（　　）

4. 运行中的自动扶梯，视每部扶梯状况不同，应灵活掌握加油时间和加油间隔时间，既要保证有足够的润滑，又不至于使梯级踏板及相关部位粘上过量油污。（　　）

5. 自动加油系统油箱中油位一般少于最低刻度线时才需要添加润滑油。（　　）

任务二　自动扶梯梯级链、链轮的润滑

任务描述

　　根据自动扶梯维护保养流程，对自动扶梯梯级链、链轮进行加油润滑。通过完成此任务，掌握自动扶梯梯级链、链轮结构特点及作用并掌握润滑油的选择依据与加油润滑的方法。按照维护保养流程对自动扶梯梯级链、链轮进行加油润滑，能够使扶梯在环境比较恶劣的情况下，延长链条与链轮的使用寿命。

任务准备

一、链轮

　　在"驱动主轴"上装有左右两个"梯级驱动链轮"和一个"扶手带驱动链轮"；左右两个"梯级驱动链轮"分别带动左右两条"梯级链"（又称驱动链或牵引链），如图 6-2-1 所示。

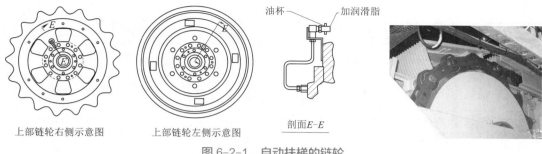

上部链轮右侧示意图　　上部链轮左侧示意图　　剖面E-E

图 6-2-1　自动扶梯的链轮

二、梯级链

梯级链条主要由梯级主轮、内外链片、异型销轴、圆柱销轴、套筒等组成。于梯级两侧各装设一条，两侧梯级链条通过梯级轴连接起来，一起牵引梯级运行。梯级链条在下转向部导轨系统之转向壁处通过张力调整器张紧，以吸收踏阶链条因运行磨耗等原因产生的链条伸长。自动扶梯的梯级应至少用两根链条驱动，梯级的每侧应至少用一根，如图 6-2-2 所示。

图 6-2-2　自动扶梯的梯级链

三、自动扶梯润滑油料

润滑油使自动扶梯在长时间的运行过程中，降低链条及齿轮的摩擦，减少磨损，提高工作效率，延长使用寿命，同时还起到冷却、缓冲、传力、电气绝缘、防腐蚀的作用。润滑油在使用过程中应按周期添加更换，由于自动扶梯在运转中润滑油受到剪切、搅动、金属催化和摩擦热等因素的作用以及外界灰尘、杂质，空气中的氧气和水汽等的影响，从而产生氧化、变质、解聚、老化等，生成羟酸、胶质、沥青等产物，使润滑油的颜色变暗，黏度或稠度发生变化，酸值增大，腐蚀性增加，链条使用寿命也会大大缩短。

自动扶梯用的润滑油为矿物润滑油和合成润滑油。以三菱自动扶梯为例，润滑油的选用一览表如表 6-2-1 所示。

表 6-2-1　自动扶梯润滑油选用一览表

名称	型号	备注	规格	相应三菱油号	其他替代品
N68 低凝液压油	FL0498-3	加油装置用	3L 装	54#	SHELL MOBIL GEAR OIL GX-80

143

名称	型号	备注	规格	相应三菱油号	其他替代品
2# 航空锂基润滑脂	ZLJZ004	各类轴承润滑用	0.5 kg/ 包	5 #	SHELL ALVANIA GREASE NO.2
100# 中负荷齿轮油	FL1720	J1 型（5.5 kW、7.5 kW）驱动装置和 A 型驱动装置减速箱用	10 kg/ 桶	56 #	SHELL OMALA 100
220# 中负荷齿轮油	ZFHCL005	J2 型（11kW）驱动装置减速箱用	10 kg/ 罐	57 #	SHELL OMALA 220
MOBIL 美孚 Glygole HE 460	ZZFHCL002– MOBIL	HE 型驱动装置减速箱用			
阴离子羟基乳液	ZQJRY001	不锈钢表面清洁使用	1 kg		

四、梯级链润滑、链轮的润滑所需工具

梯级链及链轮润滑维护保养所需工具及劳保用品一览表，如表 6-2-2 和表 6-2-3 所示。

表 6-2-2　梯级链及链轮润滑维护保养所需工具一览表

工具	名称	作用	工具	名称	作用
	一字螺钉旋具	紧固螺丝		黄油枪	注入润滑脂
	十字螺钉旋具	紧固螺丝		毛刷	清扫管路灰尘
	呆扳手	紧固螺丝		抹布	清洁油污

表 6-2-3　梯级链及链轮润滑维护保养所需劳保用品一览表

工具	名称	作用	工具	名称	作用
	安全帽	保护头部安全		工作服	身体防护
	防滑电工鞋	保护脚部安全		护目镜	保护眼睛
	防护栏	保护乘客及维修人员安全		安全绳	高空防坠落
	手持式测速仪	测量速度		手套	保护手

任务实施

一、自动扶梯梯级链、链轮的润滑前的准备工作

① 检查是否做好了自动扶梯发生故障的警示及相关安全措施。

② 按规范做好维保人员的安全保护措施。

③ 准备相应的维保工具。

④ 拆卸上下部出入口盖板，使用专用工具拆卸，两人配合操作。

⑤ 锁紧自动扶梯制动器，确保自动扶梯梯级不发生任何移动。

二、梯级链、链轮的润滑

1. 梯级链润滑

（1）放置安全围栏并关闭电源开关

① 在自动扶梯的出入口放置安全围栏，如图 6-2-3 所示。

图 6-2-3　在出入口放置安全围栏

② 打开扶梯上下部出入口盖板，关闭机房电源开关，并锁紧自动扶梯制动器，如图 6-2-4 和图 6-2-5 所示。

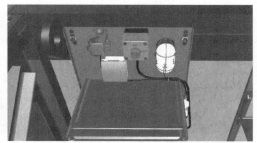

图 6-2-4　打开出入口盖板　　　　图 6-2-5　关闭机房电源开关

（2）检查链条润滑情况

检查梯级链、驱动轮、扶手传动链、扶手驱动链都应充分润滑。如润滑不足需查明原因，如图 6-2-6 所示。

图 6-2-6　检查链条润滑

（3）清理油污

室外扶梯设计上没有办法做到有效防尘、防水，链条的防水装置无法完全阻止外界雨水、沙尘、泥浆落在链条上，也因此导致与润滑油混合，这些沙泥集结在轴销与链片接合部形成持续的磨损环境。使用抹布，毛刷清理附着在销与链片接合部的油泥混合油污，如图 6-2-7 所示。

图 6-2-7　用毛刷清理附着在销与链片接合部的油泥混合油污

（4）梯级链润滑

目前自动扶梯链条的润滑方式有两种：

① 自动润滑系统。该系统根据工作环境恶劣的情况，在程序里设定使其自动定时定量为自动扶梯梯级链、主驱动链、扶手驱动链添加润滑油及按周期更换润滑油。

② 手工添加润滑油。每月一次由维修保养人员用毛刷或油枪添加润滑油，按控制柜上的加油按钮，检查喷油嘴的出油情况。使扶梯运行 2 圈，同时通过加油按钮手动加油。根据工况，可以用毛刷将润滑油涂在链条上以充分润滑链条。特别提醒：必须在扶梯停止的状态下，才能用毛刷将润滑油涂在链条上。润滑油以油线方式，每分钟手动加油 8 ~ 12 mL 油，如图 6-2-8 所示。

图 6-2-8　自动扶梯链条手工添加润滑油

2. 链轮润滑

上下链轮轴承更换润滑脂。

用加油枪将润滑脂从加油嘴处注入，直至旧的润滑脂全部从轴承中挤出，新的润滑脂从出油口出来。注意保持润滑脂的清洁，如图 6-2-9 和图 6-2-10 所示。

图 6-2-9　自动扶梯上下链轮轴承更换润滑脂

图 6-2-10　自动扶梯上下链轮轴承更换润滑脂

任务评价

任务完成后，由指导教师对本任务完成情况进行评价考核，评价考核表如表 6-2-4 所示。

表 6-2-4　自动扶梯自动加油系统维护保养实操评价考核表（100 分）

序号	内容	配分	考核评分标准	扣分	得分
1	安全意识	10	1. 不按要求穿着工作服、戴安全帽、穿防滑电工鞋（扣 1 分）； 2. 在自动扶梯出入口没有放置安全围栏（扣 1 分）； 3. 违反安全要求，进行带电作业（扣 2 分）； 4. 不按安全要求规范使用工具（扣 1 分）； 5. 其他违反安全操作规范的行为（扣 2 分）； 6. 操作过程中若出现安全事故（扣 10 分）		
2	检查链条润滑情况	20	1. 不知道自动加油系统油箱位置（扣 2 分）； 2. 不知道油箱中油位的要求（扣 2 分）； 3. 在实操过程中，没有断开机房的电源开关（扣 4 分）； 4. 没有使用合适的工具进行操作（扣 2 分）； 5. 操作中有工具掉落（扣 1 分 / 次）		

续表

序号	内容	配分	考核评分标准	扣分	得分
3	清理油污	20	1. 不知道油嘴与链条的距离要求（扣5分）； 2. 不知道油位位置（扣2分）； 3. 没有使用合适的工具进行操作（扣2分）； 4. 操作中有工具掉落（扣1分/次）		
4	梯级链润滑	20	1. 不会对油管和油路分配器进行检查（扣2分）； 2. 不会更换油管、油路分配器（扣4分）； 3. 没有使用合适的工具进行操作（扣2分）； 4. 没有对油管和油路分配器进行清洁（扣2分）		
5	链轮润滑	20	1. 不懂什么是自动加油时间（扣3分）； 2. 不懂什么是加油间隔时间（扣3分）； 3. 不会根据随机文件要求设定加油时间（扣2分）； 4. 不会根据随机文件要求设定加油间隔时间（扣2分）		
6	职业规范和环境保护	10	1. 在工作过程中工具和器材摆放凌乱（扣2分）； 2. 不爱护设备、工具，不节省材料（扣2分）； 3. 在工作完成后不清理现场，在工作中产生的废弃物不按规定处置，扣2分（若将废弃物遗弃在机房内的扣10分）		
综合评价					

习题

一、选择题

1. 润滑油以油线方式，每分钟手动加油（　　　）mL。

　　A. 6 ~ 7　　　　　　　B. 8 ~ 12　　　　　　　C. 10 ~ 14　　　　　　　D. 7 ~ 11

2. 润滑油使自动扶梯除了起到润滑作用还起到了到冷却、（　　　）、传力、电气绝缘、防腐蚀的作用。

　　A. 去污　　　　　　　B. 缓冲　　　　　　　C. 防水　　　　　　　D. 吸收

3. 自动扶梯的梯级应至少用（　　　）根链条驱动，梯级的每侧应至少用一根。

　　A. 一　　　　　　　B. 二　　　　　　　C. 三　　　　　　　D. 四

4. 使扶梯运行（　　　）圈，同时通过加油按钮手动加油。

　　A. 2　　　　　　　B. 4　　　　　　　C. 3　　　　　　　D. 5

二、判断题

1. 扶梯停止状态下，才能用毛刷将润滑油涂在链条上。　　　　　　　　　　　　　　（　　　）

2. 拆卸上下部出入口盖板，使用专用工具拆卸，一个人就可以操作。　　　　　　　（　　　）

3. 自动扶梯用的润滑油为矿物润滑油和合成润滑油。　　　　　　　　　　　　　　（　　　）

4. 油脂受到污染后可继续使用。　　　　　　　　　　　　　　　　　　　　　　　（　　　）

5. 润滑油只起到润滑与防锈的功能。　　　　　　　　　　　　　　　　　　　　　（　　　）

任务三　自动扶梯扶手驱动链、驱动轴的润滑

任务描述

根据自动扶梯维护保养流程，对自动扶梯扶手驱动链、驱动轴进行加油润滑。通过完成此任务，掌握扶手驱动链、驱动轴的润滑方式，按照维护保养流程对扶手驱动链、驱动轴进行加油润滑，能够诊断与排除扶手系统在运行过程中的安全隐患。

任务准备

一、扶手驱动链的润滑

扶手驱动链一般采用套筒滚子链。运行过程中，由于链条与链轮是不断地啮合和脱开的循环过程，如图 6-3-1 所示。其间产生的摩擦力会导致链条磨损并增长。这样就会出现链条在链轮上"爬高"的现象，发生振动、噪声增大，可见链条的使用寿命对扶梯的运行质量有一定的影响。因此链条的润滑保养尤其重要，链条的润滑保养得好，能提高扶梯的性能，提高乘客乘行的舒适感，降低运行噪声，降低自动扶梯的维修成本。

扶手驱动链一般采用自动润滑和人工加油润滑相结合的方式。自动润滑系统可在扶梯运行过程中根据预先设定对相应的部件进行定时、定点、定量的润滑；人工加油润滑由维修保养人员每月一次用毛刷或油枪添加润滑油。

图 6-3-1　扶手驱动链

二、扶手驱动轴的润滑

扶手带传动链轮轴承的润滑方式大致分为自润滑轴承和外注润滑脂轴承两种。

1. 自润滑轴承

自润滑轴承的内腔自带有润滑脂，能在密封的条件下长期转动，使用过程中不需要加油，当发生损坏时则直接更换。这种轴承能长期保持自润滑性能，在自动扶梯上得到广泛使用。

2. 外注润滑脂轴承

此类轴承上设有加油孔与出油孔，可用油枪将润滑脂注入加油孔，直至旧的润滑脂全部从出油孔中挤出，如图 6-3-2 所示。

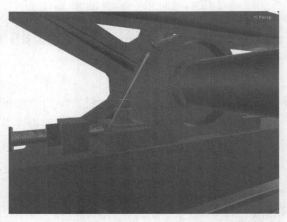

图 6-3-2　扶手带传动链轮轴承的外注润滑脂轴承

三、扶手驱动链、驱动轴润滑维护与保养所需工具

扶手驱动链、驱动轴维护与保养所需工具及劳保用品一览表，如表 6-3-1 和表 6-3-2 所示。

表 6-3-1　扶手驱动链、驱动轴维护保养所需工具一览表

工具	名称	作用	工具	名称	作用
	一字、十字螺钉旋具	紧固螺丝		台阶形量规	测量部件间隙
	橡胶锤	调整部件位置		提拉扳手	提起扶梯出入口盖板（前沿板）
	T 形六角扳手	拆装前沿板、梳齿板		塞尺	检查间隙
	记号笔	故障位置标记		毛刷	清扫灰尘
	开口扳手	紧固螺丝		抹布	清洁油污

表 6-3-2　扶手驱动链、驱动轴维护保养所需劳保用品一览表

工具	名称	作用	工具	名称	作用
	安全帽	保护头部安全		工作服	身体防护
	防滑电工鞋	保护脚部安全		护目镜	保护眼睛
	防护栏	保护乘客及维修人员安全		安全绳	高空防坠落
	手持式测速仪	测量速度		手套	保护手

任务实施

一、自动扶梯扶手驱动链、驱动轴的润滑前的准备工作

① 检查是否做好了自动扶梯发生故障的警示及相关安全措施。

② 按规范做好维保人员的安全保护措施。

③ 准备相应的维保工具。

二、扶手驱动链、驱动轴润滑维护与保养

① 在自动扶梯的出入口放置安全围栏，如图 6-3-3 所示。

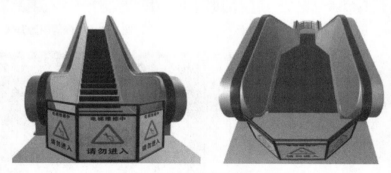

图 6-3-3　在出入口放置安全围栏

② 打开扶梯下部出入口盖板，关闭下部机房电源开关，安装连接检修操作器插头，按下检修操作器急停按钮，如图 6-3-4 ～图 6-3-7 所示。

图 6-3-4　拆除下部出入口盖板

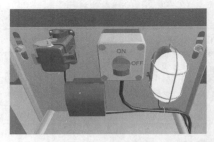

图 6-3-5　关闭下部机房电源开关

图 6-3-6　连接操作器插头

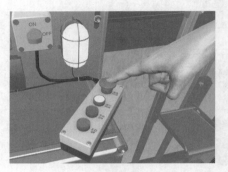

图 6-3-7　按下操作器急停按钮

③拆除梯级挡板，打开下部机房电源开关，将扶梯检修操作器急停按钮复位，检修运行扶梯，使扶梯梯级轴运行到易于操作的位置，如图 6-3-8 ～图 6-3-11 所示。

图 6-3-8　拆除梯级挡板

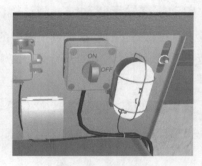

图 6-3-9　恢复电源开关

图 6-3-10　复位操作器急停按钮

图 6-3-11　将梯级轴运行到易于操作的位置

④ 按下检修操作器急停按钮，关闭下部机房电源开关，使用内六角扳手卸下 2 ~ 3 个连续梯级。检修运行扶梯，将卸下梯级的部位运行至扶手驱动链上方，如图 6-3-12 ~ 图 6-3-15 所示。

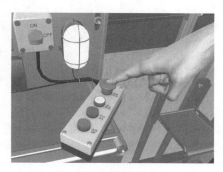

图 6-3-12　按下操作器急停按钮

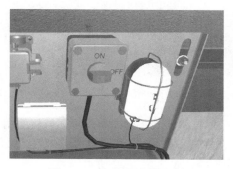

图 6-3-13　断开电源开关

图 6-3-14　卸下 2 ~ 3 个连续梯级

图 6-3-15　卸下梯级后运行至扶手驱动链

⑤ 用油枪补充扶手驱动链的润滑油，然后检修运行扶梯 2 ~ 3 圈，再次补充润滑油。如此反复直至链条的销轴和滚珠部位均有适当的润滑油，如图 6-3-16 和图 6-3-17 所示。

图 6-3-16　油枪对着扶手驱动链加油

图 6-3-17　检修运行扶梯 2 ~ 3 圈

⑥ 用油枪将润滑脂从扶手驱动轴加油口注入，直至旧的润滑脂全部从轴承中挤出，新的润滑脂从出油口出来。扶手驱动轴润滑完毕，如图 6-3-18 和图 6-3-19 所示。

图 6-3-18　再次加油

图 6-3-19　观察链条润滑情况

⑦ 扶手驱动链的润滑油滴落时，虽然使用专用的油盘承接，但是当油盘中的油积存到一定量时就会溢出，这样会流到回路梯级的背面，因此应定期清除油盘中的积油，将油盘积存的油用布蘸除干净，如图 6-3-20 所示。

扶手油盘

定期清洁油盘积油

扶手链

图 6-3-20　定期清除油盘中的积油

⑧ 安装好卸下的梯级，对准梯级踏板与梳齿板的尺寸，重新安装好梯级挡板，再将出入口的盖板复位。

任务评价

任务完成后，由指导教师对本任务完成情况进行评价考核，评价考核表如表 6-3-3 所示。

表 6-3-3　扶手驱动链、驱动轴润滑维护保养实操评价考核表（100 分）

序号	内容	配分	考核评分标准	扣分	得分
1	安全意识	10	1. 不按要求穿着工作服、戴安全帽、穿防滑电工鞋（扣 2 分）； 2. 在自动扶梯出入口没有放置安全围栏（扣 1 分）； 3. 违反安全要求，进行带电作业（扣 2 分）； 4. 不按安全要求规范使用工具（扣 2 分）； 5. 其他违反安全操作规范的行为（扣 2 分）		
2	梯级拆装	20	1. 不会连接和使用操作器（扣 1 分）； 2. 不知道梯级的拆装部位（扣 2 分）； 3. 在拆装过程中，没有按下操作器急停按钮（扣 2 分）； 4. 在拆装过程中，没有断开下机房的电压开关（扣 2 分）； 5. 没有使用合适的工具进行拆卸操作（扣 2 分）； 6. 操作中有工具掉落（扣 1 分 / 次）； 7. 拆卸的梯级没有安全放置（扣 2 分）		

序号	内容	配分	考核评分标准	扣分	得分
3	扶手链润滑	20	1. 不会正确使用油枪（扣1分）； 2. 在润滑过程中，没有按下操作器急停按钮（扣2分）； 3. 在润滑过程中，没有检修走梯（扣2分）； 4. 没有使用合适的工具进行操作；（扣2分） 5. 操作中有工具掉落（扣1分/次）； 6. 润滑没有达到标准（扣5分）		
4	扶手驱动轴润滑	20	1. 不会正确使用油枪（扣1分）； 2. 在润滑过程中，没有按下操作器急停按钮（扣2分）； 3. 没有使用合适的工具进行操作（扣2分）； 4. 操作中有工具掉落（扣1分/次）； 5. 润滑没有达到标准（扣5分）		
5	油盘检查	20	1. 没有检查油盘清洁情况（扣2分）； 2. 没有用抹布擦除可能滴落在回转站底板上的油污（扣2分）； 3. 油盘清洁不达标（扣2分）		
6	职业规范和环境保护	10	1. 在工作过程中工具和器材摆放凌乱（扣2分）； 2. 不爱护设备、工具，不节省材料（扣2分）； 3. 在工作完成后不清理现场，在工作中产生的废弃物不按规定处置， 扣2分（若将废弃物遗弃在下机房内的扣10分）		
综合评价					

一、判断题

1. 进行扶手驱动链、驱动轴润滑时必须先拆除一部分梯级。　　　　　　　　（　　）

2. 进行扶手驱动轴润滑时只需从进油口挤入部分润滑油。　　　　　　　　（　　）

3. 扶手驱动链和驱动轴润滑使用同一种润滑油。　　　　　　　　　　　　（　　）

4. 因为扶手驱动链下方安装有专用油盘，故可以随意加注润滑油，越多越好。（　　）

5. 当油盘中的油积存到一定量时就会溢出，这样会流到回路梯级的背面，因此应定期清除油盘中的积油。　　　　　　　　　　　　　　　　　　　　　　　　　　　　　（　　）

二、简答题

简述扶手驱动链的润滑步骤。

任务四　自动扶梯导轨润滑

任务描述

根据自动扶梯维护保养流程，对自动扶梯导轨进行加油润滑。通过完成此任务，掌握导轨系统各部件的结构及工作原理，并按照维护与保养流程对导轨进行加油润滑，能够诊断与排除导轨系统在运行过程中的安全隐患。

一、导轨系统结构

导轨系统用于支撑由梯级主轮和副轮传递来的载荷，并使梯级按既定的线路运动，以防止梯级跑偏。具有光滑、平整、耐磨的工作表面。其质量的好坏直接影响扶梯乘坐的安全性和舒适性，是自动扶梯最关键的技术之一。导轨系统按空间可分为中间直线部分和上、下转向部导轨；按功能可分为：主轮工作导轨、主轮返回导轨、辅轮工作导轨、辅轮返回导轨、卸载导轨、上下端部转向导轨和压轨等。图 6-4-1 所示为自动扶梯导轨系统示意图。

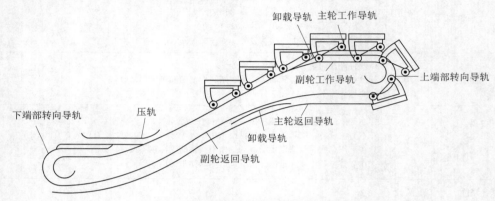

图 6-4-1　自动扶梯导轨系统示意图

1. 自动扶梯的梯路

梯路是指供梯级运行的封闭循环轨迹，其中上侧工作导轨用于运输乘客；下侧返回导轨用于梯级返回，是非工作导轨，如图 6-4-2 所示。

为了乘客安全，梯级在工作导轨运行中应满足下列条件：

① 梯级踏板在工作导轨各个区段应始终保持水平，不能有倾斜、转动或下陷的危险。

② 梯级在工作直线区域段内，应逐步形成阶梯状。

③ 在上下出入口区域段应有水平到阶梯状的逐步过渡过程。

图 6-4-2　自动扶梯的梯路图

④ 在梯级运行过程中，相邻两梯级的间隙应保持不变。

⑤ 梯级在前进中不能左右跑偏。

上下水平段工作导轨的主要作用是引导梯级在出入口水平运动，使乘客能够安全地进出扶梯。其长度的设定与水平移动的梯级数量有关。水平移动的梯级数量越多，乘客越容易登上梯级，安全性越好。但是同时也会增加梯级数量及扶梯的长度，增加扶梯的造价。如客户没有特别要求，水平梯级的数量一般都以符合 GB 16899—2011《自动扶梯和自动人行道的制造与安装安全规范》中的规定为准。

2. 上下端部转向导轨和张紧装置

（1）上端部转向导轨结构

上端部转向导轨位于扶梯上部水平段，当扶梯向上运行时，引导梯级由工作侧转向返回侧；当扶梯向下运行时，引导梯级由返回侧转向工作侧。

对于上端部驱动的自动扶梯，梯级主轮牵引链条可通过上端部梯级链轮进行转向，故梯级主轮不再需要转向导轨，但梯级辅轮经过上部水平处时仍需要转向导轨。即上端部的梯级链轮、梯级辅轮的上端部转向导轨一起构成自动扶梯的上端部转向系统，如图6-4-3所示。

图6-4-3 自动扶梯的上端部转向系统

梯级向下运行时，返回侧是系统的紧边，工作侧是松边，梯级主轮沿返回侧导轨主轮导轨直线段滚动，从切点处转向到梯级驱动链轮并环绕着梯级驱动链轮中心旋转，随后沿着上部切点进入工作侧主轮导轨。由于梯级的主轮由梯级驱动链轮带动，在转向的过程中可避免梯级反转。但是在进入工作侧主轮导轨时，工作侧是系统的松边，为了避免主轮产生跳动，设置了工作侧主轮压轨，以起到防止跳动的作用。反之，梯级向上运动时，返回侧主轮压轨能够使梯级从梯级链轮到返回侧导轨平稳过渡。

（2）下端部转向导轨结构

下端部转向导轨结构根据梯级链张紧装置结构的不同可分为两种：一种为链轮式张紧装置，采用链轮张紧。另一种是圆弧导轨式张紧装置，采用圆弧导轨张紧。但是无论是哪种张紧装置，原理都是相同的。下面以链轮式张紧装置的下端部转向导轨系统为例。

当梯级牵引链条通过下端部张紧链轮时，由张紧链轮取代转向导轨，但梯级的辅轮经过下部张紧端部时仍需要转向导轨，即梯级辅轮的下端部转向导轨与下端部张紧链轮构成自动扶梯的下端部转向系统，如图6-4-4所示。与上端部转向导轨结构相似，为了避免梯级主轮在进入直线段时发生跳动，也设置了主轮压板。

图6-4-4 自动扶梯的下端部转向系统

二、导轨维护保养要求

由于自动扶梯通常在公共场所使用，要定期对导轨进行维护保养。①检查导轨工作表面，应清洁无沉积物，润滑适当；②检查导轨左右是否有异常磨损；③检查导轨拼接处，所有运行面要求接头平整，间隙在0~0.5 mm范围内，确保驱动滚轮能顺利地从导轨上通过，所有导向面手指触摸应没有高低感；④检查调整梯级主轮与转向导轨间隙为0.2~0.5 mm。从而延长扶梯的使用寿命。

三、导轨润滑维护保养所需工具

导轨润滑维护与保养所需工具及劳保用品一览表，如表6-4-1和表6-4-2所示。

表 6-4-1　导轨润滑维护与保养所需工具一览表

工具	名称	作用	工具	名称	作用
	一字、十字螺钉旋具	紧固螺丝		台阶形量规	测量部件间隙
	橡胶锤	调整部件位置		提拉扳手	提起扶梯出入口盖板（前沿板）
	T形六角扳手	拆装前沿板、梳齿板		塞尺	检查间隙
	记号笔	故障位置标记		毛刷	清扫灰尘
	呆扳手	紧固螺丝		抹布	清洁油污

表 6-4-2　导轨润滑维护与保养所需劳保用品一览表

工具	名称	作用	工具	名称	作用
	安全帽	保护头部安全		工作服	身体防护
	防滑电工鞋	保护脚部安全		护目镜	保护眼睛
	防护栏	保护乘客及维修人员安全		安全绳	高空防坠落
	手持式测速仪	测量速度		手套	保护手

任务实施

一、自动扶梯导轨润滑前的准备工作

① 检查是否做好了自动扶梯发生故障的警示及相关安全措施。

② 按规范做好维保人员的安全保护措施。

③ 准备相应的维保工具。

二、扶手驱动链、驱动轴润滑维护与保养

① 在自动扶梯的出入口放置安全围栏，如图 6-4-5 所示。

图 6-4-5　在出入口放置安全围栏

② 打开扶梯下部出入口盖板，关闭下部机房电源开关，安装连接检修操作器插头，按下检修操作器急停按钮，如图 6-4-6 ～ 图 6-4-9 所示。

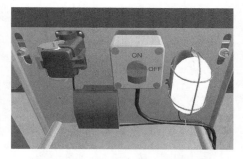

图 6-4-6　拆除下部出入口盖板　　　　　图 6-4-7　关闭下部机房电源开关

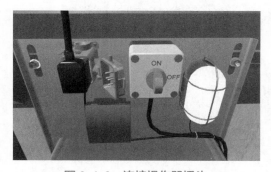

图 6-4-8　连接操作器插头　　　　　图 6-4-9　按下操作器急停按钮

③ 拆除梯级挡板，打开下部机房电源开关，复位扶梯检修操作器急停按钮，检修运行扶梯，使扶梯梯级轴运行到易于操作的位置，如图 6-4-10 ～ 图 6-4-13 所示。

图 6-4-10 拆除梯级挡板

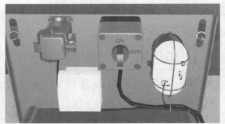

图 6-4-11 恢复电源开关

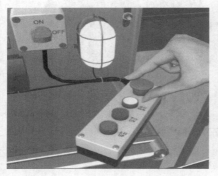

图 6-4-12 复位操作器急停按钮

图 6-4-13 将梯级轴运行到易于操作的位置

④ 按下检修操作器急停按钮，关闭下部机房电源开关，使用内六角扳手卸下 2～3 个连续梯级。检修运行扶梯，检查扶梯所有导轨润滑情况，如图 6-4-14 ～图 6-4-17 所示。

图 6-4-14 按下操作器急停按钮

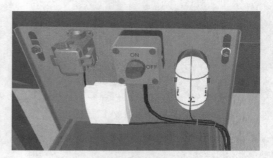

图 6-4-15 断开电源开关

图 6-4-16 卸下 2～3 个连续梯级

图 6-4-17 检查扶梯导轨润滑情况

⑤ 如发现导轨较干燥，可用油枪对其加油，然后检修运行扶梯 2～3 圈，使其润滑充分，如图 6-4-18 所示。

图 6-4-18 使用油枪对导轨加油

⑥ 安装卸下的梯级，对准梯级踏板与梳齿板的尺寸，重新安装梯级挡板，再将出入口的盖板复位，如图 6-4-19 和图 6-4-20 所示。

图 6-4-19 安装卸下的梯级

图 6-4-20 复位出入口的盖板

任务评价

任务完成后，由指导教师对本任务完成情况进行评价考核，评价考核表如表 6-4-3 所示。

表 6-4-3 导轨润滑维护保养实操评价考核表（100 分）

序号	内容	配分	考核评分标准	扣分	得分
1	安全意识	10	1. 不按要求穿着工作服、戴安全帽、穿防滑电工鞋（扣 1 分）； 2. 在自动扶梯出入口没有放置安全围栏（扣 1 分）； 3. 违反安全要求，进行带电作业（扣 2 分）； 4. 不按安全要求规范使用工具（扣 1 分）； 5. 其他的违反安全操作规范的行为（扣 2 分）		
2	梯级拆装	30	1. 不会连接和使用操作器（扣 1 分）； 2. 不知道梯级的拆装部位（扣 5 分）； 3. 在拆装过程中，没有按下操作器急停按钮（扣 2 分）； 4. 在拆装过程中，没有断开下机房的电压开关（扣 2 分）； 5. 没有使用合适的工具进行拆卸操作（扣 1 分）； 6. 操作中有工具掉落（扣 1 分 / 次）； 7. 拆卸的梯级没有安全放置（扣 2 分）		

序号	内容	配分	考核评分标准	扣分	得分
3	导轨检查	25	1. 没有检查正确导轨部位（扣2分）； 2. 在检查过程中，没有按下操作器急停按钮（扣2分）； 3. 在检查过程中，没有检修走梯（扣2分）； 4. 没有使用合适的工具进行操作（扣2分）； 5. 操作中有工具掉落（扣1分/次）		
4	导轨润滑	25	1. 不会正确使用油枪（扣1分）； 2. 在润滑过程中，没有按下操作器急停按钮（扣2分）； 3. 没有使用合适的工具进行操作（扣2分）； 4. 操作中有工具掉落（扣1分/次）； 5. 加注润滑油后没有检修走梯（扣2分）； 6. 润滑没有达到标准（扣5分）		
5	职业规范和环境保护	10	1. 在工作过程中工具和器材摆放凌乱（扣2分）； 2. 不爱护设备、工具，不节省材料（扣2分）； 3. 在工作完成后不清理现场，在工作中产生的废弃物不按规定处置，扣2分（若将废弃物遗弃在下机房内的扣10分）		
综合评价					

习题

一、填空题

1. 导轨系统用于支撑由_____和_____传递来的载荷，并使梯级按既定线路运动，以防止梯级跑偏。

2. 导轨系统按功能可分为：_____、_____、_____、_____、_____、_____、_____等。

3. 对于上端部驱动的自动扶梯，梯级主轮牵引链条可通过_____进行转向，故梯级主轮不再需要转向导轨。

4. 下端部转向导轨结构根据梯级链张紧装置结构的不同可分为两种：_____、_____。

5. 导轨拼接处，所有运行面要求接头平整，间隙在_____范围内。

二、判断题

1. 导轨质量的好坏直接影响扶梯乘坐的安全性和舒适性，是自动扶梯最关键的技术之一。
（   ）

2. 梯路是指供梯级运行的封闭循环轨迹，其中上侧导轨用于梯级返回，是非工作导轨；下侧导轨用于运输乘客。
（   ）

3. 为了避免主轮产生跳动，设置了工作侧主轮压轨，以起到防止跳动的作用。（   ）

4. 梯级主轮与转向导轨间隙为 0.2 ~ 0.5 mm。（   ）

5. 检查扶梯导轨润滑情况时，无须拆除梯级就可以进行检查。（   ）

附录 A
自动扶梯与自动人行道维护与保养项目（内容）和要求

1. 半月维护与保养项目（内容）**和要求**

半月维护与保养项目（内容）和要求如附表 A-1 所示。

附表 A-1　半月维护与保养项目（内容）和要求

序号	维护与保养项目（内容）	维护与保养基本要求
1	电器部件	清洁，接线紧固
2	故障显示板	信号功能正常
3	设备运行状况	正常，没有异常声响和抖动
4	主驱动链	运转正常，电气安全保护装置动作有效
5	制动器机械装置	清洁，动作正常
6	制动器状态监测开关	工作正常
7	减速机润滑油	油量适宜，无渗油
8	电机通风口	清洁
9	检修控制装置	工作正常
10	自动润滑油罐油位	油位正常，润滑系统工作正常
11	梳齿板开关	工作正常
12	梳齿板照明	照明正常
13	梳齿板梳齿与踏板面齿槽、导向胶带	梳齿板完好无损，梳齿板梳齿与踏板面齿槽、导向胶带啮合正常
14	梯级或者踏板下陷开关	工作正常
15	梯级或者踏板缺失监测装置	工作正常
16	超速或非操纵逆转监测装置	工作正常
17	检修盖板和楼层板	防倾覆或者翻转措施和监控装置有效、可靠
18	梯级链张紧开关	位置正确，动作正常
19	防护挡板	有效，无破损
20	梯级滚轮和梯级导轨	工作正常

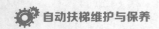
序号	维护与保养项目（内容）	维护与保养基本要求
21	梯级、踏板与围裙板之间的间隙	任何一侧的水平间隙及两侧间隙之和符合标准值
22	运行方向显示	工作正常
23	扶手带入口处保护开关	动作灵活可靠，清除入口处垃圾
24	扶手带	表面无毛刺，无机械损伤，运行无摩擦
25	扶手带运行	速度正常
26	扶手护壁板	牢固可靠
27	上下出入口处的照明	工作正常
28	上下出入口和扶梯之间保护栏杆	牢固可靠
29	出入口安全警示标志	齐全，醒目
30	分离机房、各驱动和转向站	清洁，无杂物
31	自动运行功能	工作正常
32	紧急停止开关	工作正常
33	驱动主机的固定	牢固可靠

2. 季度维护与保养项目（内容）**和要求**

季度维护与保养项目（内容）和要求除符合半月维护与保养的项目（内容）和要求外，还应当符合附表 A-2 所示的项目（内容）和要求。

附表 A-2　季度维护与保养项目（内容）和要求

序号	维护与保养项目（内容）	维护与保养基本要求
1	扶手带的运行速度	相对于梯级、踏板或者胶带的速度允差为 0 ~ + 2%
2	梯级链张紧装置	工作正常
3	梯级轴衬	润滑有效
4	梯级链润滑	运行工况正常
5	防灌水保护装置	动作可靠（雨季到来之前必须完成）

3. 半年维护与保养项目（内容）**和要求**

半年维护与保养项目（内容）和要求除符合季度维护与保养的项目（内容）和要求外，还应当符合附表 A-3 所示的项目（内容）和要求。

附表 A-3　半年维护与保养项目（内容）和要求

序号	维护与保养项目（内容）	维护与保养基本要求
1	制动衬厚度	不小于制造单位要求
2	主驱动链	清理表面油污，润滑
3	主驱动链链条滑块	清洁，厚度符合制造单位要求

续表

序号	维护与保养项目（内容）	维护与保养基本要求
4	电动机与减速机联轴器	连接无松动，弹性元件外观良好，无老化等现象
5	空载向下运行制动距离	符合标准值
6	制动器机械装置	润滑，工作有效
7	附加制动器	清洁和润滑，功能可靠
8	减速机润滑油	按照制造单位的要求进行检查、更换
9	调整梳齿板梳齿与踏板面齿槽啮合深度和间隙	符合标准值
10	扶手带张紧度张紧弹簧负荷长度	符合制造单位要求
11	扶手带速度监控系统	工作正常
12	梯级踏板加热装置	功能正常、温度感应器接线牢固（冬季到来之前必须完

4. 年度维护与保养项目（内容）**和要求**

年度维护与保养项目（内容）和要求除符合半年维护与保养的项目（内容）和要求外，还应当符合附表 A-4 所示的项目（内容）和要求。

附表 A-4　年度维护与保养项目（内容）和要求

序号	维护与保养项目（内容）	维护与保养基本要求
1	主接触器	工作可靠
2	主机速度检测功能	功能可靠，清洁感应面、感应间隙符合制造单位要求
3	电缆	无破损，固定牢固
4	扶手带托轮、滑轮群、防静电轮	清洁，无损伤，托轮转动平滑
5	扶手带内侧凸缘处	无损伤，清洁扶手导轨滑动面
6	扶手带断带保护开关	功能正常
7	扶手带导向块和导向轮	清洁，工作正常
8	进入梳齿板处的梯级与导轮的轴向窜动量	符合制造单位要求
9	内外盖板连接	紧密牢固，连接处的凸台、缝隙符合制造单位要求
10	围裙板安全开关	测试有效
11	围裙板对接处	紧密平滑
12	电气安全装置	动作可靠
13	设备运行状况	正常，梯级运行平稳，无异常抖动，无异常声响

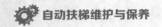

参 考 文 献

[1] 全国电梯标准化技术委员会. GB 16899—2011 自动扶梯和人行道的制造与安装安全规范 [S]. 北京：中国标准出版社，2011.

[2] 史信芳，蒋庆东，李春雷，等. 自动扶梯 [M]. 北京：机械工业出版社，2017.

[3] 何峰峰. 电梯和自动扶梯安装维修技术与技能 [M]. 北京：机械工业出版社，2015.

责任编辑　何红艳　包　宁
封面设计　尚明龙

自动扶梯维护与保养

ZIDONG FUTI WEIHU YU BAOYANG

中国铁道出版社有限公司
CHINA RAILWAY PUBLISHING HOUSE CO., LTD.

地址：北京市西城区右安门西街8号
邮编：100054
网址：http://www.tdpress.com/51eds/

更多教材推荐
扫码关注有福利

ISBN 978-7-113-27097-1

9 787113 270971 >

定价：35.00元